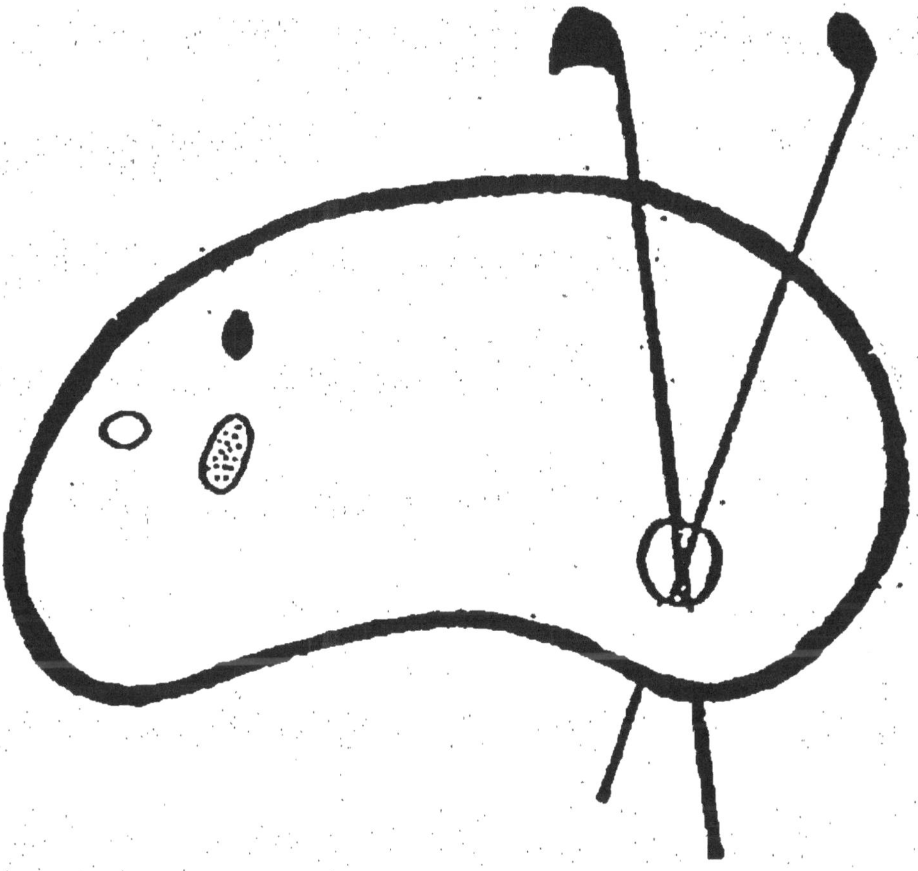

DEBUT D'UNE SERIE DE DOCUMENTS
EN COULEUR

Lud. PILLEUX

THÉORIE MÉCANIQUE

DE

L'ÉLECTRICITÉ

PARIS

Victor SAUVAGE, Libraire-Editeur
56, RUE DE RENNES. 56

1881

CAUSA RERUM

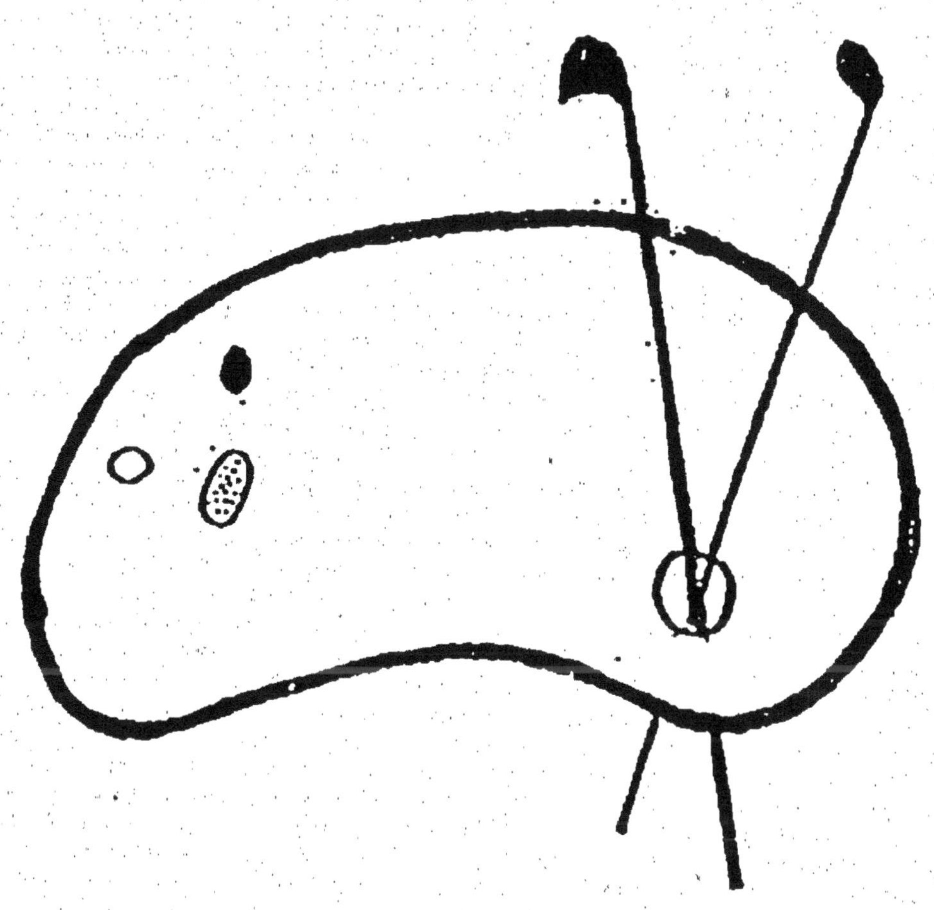

FIN D'UNE SERIE DE DOCUMENTS
EN COULEUR

PREMIÈRE PARTIE

—

ESSAI D'ÉTUDE CINÉMATIQUE

DE

QUELQUES PHÉNOMÈNES PHYSIQUES

ET

ÉTABLISSEMENT DES FORMULES DES CONSTANTES VOLTAÏQUES

SELON LA THÉORIE MÉCANIQUE

THÉORIE MÉCANIQUE

DE

L'ÉLECTRICITÉ

PAR

Lud. PILLEUX

PARIS

Victor SAUVAGE, Libraire-Editeur

56, RUE DE RENNES, 56

—

1881

———

ESSAI D'ÉTUDE CINÉMATIQUE

DE

QUELQUES PHÉNOMÈNES PHYSIQUES

———

CHAPITRE Ier

DÉFINITION DU MOUVEMENT VIBRATOIRE ET DE QUELQUES MOUVEMENTS ONDULATOIRES

On explique maintenant un certain nombre de phénomènes physiques, entre autres les phénomènes acoustiques, caloriques et optiques, par l'hypothèse de la matière en mouvement.

Je pense qu'un jour on reconnaîtra que tous les phénomènes peuvent être expliqués de la même manière. C'est ce que je vais tâcher de démontrer, du moins pour quelques-uns.

Ce n'est pas sans une certaine hésitation, évidemment, que j'ai pu prendre une hypothèse pour base d'un travail long et pénible. Mais, outre le crédit que cette hypothèse de la matière en mouvement a auprès des savants de tous les pays, diverses déductions mathématiques, que j'ai consignées, note A, à la fin de cette étude, ont réussi à me donner une foi complète dans la base que j'avais choisie, et s'il y avait quelques doutes dans l'esprit du lecteur, je le prierai de prendre connaissance, dès maintenant, de la note en question.

Dans l'hypothèse de la matière en mouvement telle que je la conçois et telle que je désire en faire un véritable corps de doctrine, l'état de repos lui-même serait constitué par un certain mouvement de la matière : ce mouvement serait le mouvement vibratoire atomique.

Quant à l'état de mouvement proprement dit ou mouvement apparent, ou état de phénomène, il serait constitué par le mouvement ondulatoire.

L'état de vibration atomique consiste en ce que chaque atôme du corps, dit en repos, va et vient sans cesse, heurtant l'atôme voisin dans un choc qui limite sa course et règle l'écart atomique ou le volume du corps; choc à la suite duquel l'atôme retourne en arrière avec une vitesse strictement égale à celle qu'il avait pour marcher en avant.

Assimiler le repos à un mouvement répugne à première vue, mais il faut réfléchir que les atômes sont presque infiniment petits, que l'amplitude de chaque vibration est aussi extrêmement petite et que l'aller et le retour du même atôme s'accomplissent presque dans le même moment.

Or, dans les formules du choc de deux corps marchant l'un contre l'autre, on donne en algèbre à une des vitesses le signe plus, à l'autre le signe moins, de sorte que l'addition de ces deux vitesses, strictement égales dans l'hypothèse, donne zéro vitesse, par rapport à nous dont l'existence est relativement de longue durée et dont les sensations en rapport avec notre longévité ne peuvent séparer, dans l'analyse, deux phénomènes aussi rapprochés que l'aller et le retour de la vibration atomique.

Il n'en serait pas de même évidemment pour un vibrion infiniment petit.

Aussi je crois pouvoir poser ce principe : qu'un être vivant ne peut apprécier un mouvement vibratoire que quand ce mouvement est d'une certaine durée en rapport avec la durée de son existence.

L'analyse de cette idée mène à des résultats curieux. Supposons un train allant de Paris à Rouen, puis revenant de Rouen à Paris, puis retournant à Rouen, etc. Le mouvement de ce train serait un mouvement vibratoire pour le conducteur du train, pour les voyageurs dans le train, pour les spectateurs qui verraient passer le train, etc., parce que tous ils pourraient apprécier un aller distinct d'un retour ; tandis que pour un géant immense d'une longévité de plusieurs milliards d'années, il serait ce qu'est pour nous la vibration atomique, il serait le repos. Mais d'autre part il serait le mouvement proprement dit, pour un vibrion naissant et mourant sur le train pendant une fraction de son parcours, soit une fraction d'un aller seul.

Ce vibrion apprécierait la quantité de sites passant sous ses yeux dans l'unité de temps, et s'il voulait faire une formule pour en représenter l'importance, il ferait entrer dans cette formule, l'espace comme numérateur et le temps comme diviseur, car le nombre de sites serait évidemment proportionnel à l'espace, soit à la longueur du parcours, et la quantité que le vibrion en pourrait voir serait inversement proportionnelle au temps, soit à la durée du trajet, puisque la petite longévité du vibrion ne lui permettrait d'embrasser qu'une fraction du trajet inversement proportionnelle à sa durée. De sorte même, que, si cette durée (la durée du trajet) devenait trop grande, le parcours restant d'ailleurs le même, le vibrion ne verrait plus de changement de sites et croirait au repos. Et ainsi il me semble qu'un être vivant peut prendre pour le repos aussi bien une excessive brièveté qu'une excessive durée de vibration.

Notre vibrion aurait d'ailleurs aussi son équivalent mécanique des phénomènes où la vitesse serait numérateur. Et, naissant après le départ du train, mourant avant son arrivée, il ne songerait pas au mouvement vibratoire.

En serait-il de même pour nous ? N'y aurait-il dans tout ce qui existe que du mouvement vibratoire, que nous prendrions pour le repos quant il serait suffisamment rapide, que nous reconnaîtrions comme mouvement vibratoire quand il serait d'une rapidité moyenne en rapport avec notre longévité, que nous prendrions pour du mouvement proprement dit, quand il serait d'une durée telle que même avec le secours de l'histoire nous ne pourrions apprécier qu'une seule de ses deux phases, et qu'enfin nous prendrions de nouveau pour le repos, quand cette phase, la seule perceptible pour nous, serait d'une durée suffisamment grande par rapport à son amplitude ?

Je me hâte de dire que je me crois incapable de répondre à ces questions. Je ne veux pas d'ailleurs me faire l'apôtre du mouvement vibratoire quand même, et en posant les hypothèses ci-dessus j'ai seulement voulu montrer quelle place importante il est possible de lui attribuer dans le monde.

Quoiqu'il en soit je crois du moins pouvoir poser ce principe: que le repos de la matière n'est pour nous qu'une apparence correspondant au mouvement vibratoire atomique.

Quant au mouvement proprement dit, au mouvement cause de tout phénomène d'après les idées nouvelles, j'ai dit qu'il était constitué par le mouvement ondulatoire.

Je vais décrire succintement, comme j'ai fait pour le mouvement vibratoire, quelques-unes des principales formes de mouvement ondulatoire observées en physique ; et d'abord en quelques mots je vais en indiquer la nature spéciale.

Dans mon système le mouvement ondulatoire serait la combinaison du mouvement vibratoire atomique et d'un mouvement n'ayant qu'une seule des deux phases de la vibration.

Pour s'en faire une idée plus claire, il faut supposer une vibration immense dont une des deux phases correspondant à des temps inconnus serait en dehors de nous et de notre univers et dont l'autre, appréciable par nous, viendrait pour ainsi dire se greffer sur le mouvement vibratoire atômique, comme le mouvement d'un navire se combine avec celui du balancier du chronomètre qu'il porte. Du reste quelques descriptions rapides vont mieux me faire comprendre.

1° *Système ondulatoire.* — Si un ensemble d'atômes vibrants reçoit une vitesse (1) affectant l'ensemble des atômes en question, en un mot si un corps, dit en repos, reçoit une vitesse affectant toutes les parties de ce corps, on a le mouvement de translation.

Un boulet de canon est dans ces conditions.

2° Si un ensemble d'atômes vibrants, soit toujours un corps dit en repos, reçoit une vitesse affectant une partie seulement desdits atômes, on a un autre mouvement ondulatoire que je propose d'appeler acoustique, parce que à un certain degré il constitue l'onde sonore.

---

(1) Le mot vitesse indique ici un déplacement dans une direction unique; ce ne peut être la vitesse vibratoire, puisque celle-ci est composée de deux vitesses de direction opposée, et par conséquent s'annulant, comme je l'ai dit plus haut, quand on fait les deux phases successives si petites qu'on peut égaler leur somme à zéro.

C'est pour cela que je suis obligé de considérer cette vitesse, qui va me servir dans les formules de tous les mouvements ondulatoires, comme la moitié d'une immense vibration.

Soit A le corps en question. *Fig. 1.*

<pre>
                              A
      B   C   D   E   F   G   H   I   J   K   L   M   N
     |000|000|000|000|000|000|000|000|000|000|000|000|000|
     |000|000|000|000|000|000|000|000|000|000|000|000|000|
Fig. 1|000|000|000|000|000|000|000|000|000|000|000|000|000|
     |000|000|000|000|000|000|000|000|000|000|000|000|000|
     |000|000|000|000|000|000|000|000|000|000|000|000|000|
</pre>

Si B parcelle dudit corps, mais parcelle contenant un grand nombre d'atòmes vibrants, et pouvant, par conséquent, être considérée comme un repos, reçoit une vitesse affectant tous ces atòmes, et qu'elle s'avance alors vers la parcelle C, considérée aussi comme en repos pour la même raison et qu'il y ait choc entre B et C, B devra, d'après les lois du choc enseignées en mécanique, prendre l'état de repos de C, tandis que C, ayant pris la vitesse de B, partira en avant. C s'étant avancé vers D donnera lieu au même phénomène, il heurtera D, le lancera en avant et reviendra au repos. D s'avancera vers E, le heurtera, le lancera en avant et reviendra au repos, etc. C'est le phénomène observé dans l'onde acoustique; phénomène que l'on peut reproduire avec de grandes amplitudes, dans les laboratoires à l'aide d'un appareil à billes d'ivoires très connu qui sert pour diverses démonstrations des lois du choc.

3° Si un ensemble d'atòmes vibrants constituant un corps dit en repos reçoit un excès de vitesse affectant isolément chaque atòme ou du moins chaque tranche ne contenant en épaisseur qu'un seul atòme, on a un troisième système d'ondes dont je montrerai l'existence dans le calorique rayonnant et dans la lumière.

Soit les atòmes vibrants A B C D E F G H I J. *Fig. 2.*

<pre>
            A B C D E F G H I J
Fig. 2   0.0.0.0.0.0.0.0.0.0
            0.0.0.0.0.0.0.0.0.0
            0.0.0.0.0.0.0.0.0.0
</pre>

Ces atômes, étant dans l'état vibratoire qui constitue l'état de repos du corps en question, se heurtent d'ordinaire aux endroits indiqués sur la figure par des points.

Si l'atôme A reçoit isolément une vitesse dirigée vers la droite, il s'avancera vers B qu'il rencontrera un peu plus tôt que d'ordinaire et à droite du point où se fait d'ordinaire la rencontre ; là il y aura choc et d'après les lois du choc entre corps de masses égales animées de vitesses inégales, B ayant pris l'excès de vitesse de A s'avancera vers C, tandis que A reviendra à sa vitesse vibratoire ordinaire. B s'avancera donc vers C étant parti plus tôt que d'ordinaire, d'un point moins éloigné que d'ordinaire et avec une vitesse plus grande que d'ordinaire, et par conséquent rencontrera C plus tôt que d'ordinaire en un lieu situé à droite beaucoup en avant du lieu ordinaire du choc ; il lui donnera son excès de vitesse selon les lois du choc, et reviendra lui-même à sa vitesse vibratoire normale. C s'avancera vers D, etc.

Le caractère spécial de ce mouvement ondulatoire consiste en ce que le lieu et le moment ordinaire du choc se déplacent à chaque fois d'une quantité, qui est égale au carré du nombre des chocs multiplié par l'excès de vitesse.

4° Si un ensemble d'atômes vibrants constituant un corps, dit en repos, reçoit un excès de vitesse affectant isolément chaque atôme vibrant, ou chaque tranche ne contenant qu'un seul atôme dans son épaisseur, et que cette vitesse vienne d'ailleurs d'un atôme ne possédant pas plus de mouvement que l'atôme heurté, c'est-à-dire ayant une masse deux fois moindre, par exemple, s'il a une vitesse deux fois plus grande, on a un quatrième système d'ondes qui ne rentre dans aucun système physique actuellement connu, mais que je vais pourtant décrire, persuadé qu'il existe dans la nature, et que sa découverte que je crois prochaine sera aussi importante que la découverte de l'électricité.

Soit A B C D E F G H les atômes vibrants du corps en question. *Fig. 3.*

Fig. 3

```
A B C D E F G H
0.0.0.0.0.0.0.0
0.0.0.0.0.0.p.0.0
0.0.0.0.0.0.0.0
```

Si A, se trouvant tout d'un coup animé d'une vitesse plus grande mais en même temps réduit comme poids dans la même proportion, s'avance vers B et qu'il le heurte, le choc aura lieu plus tôt que d'ordinaire et en un lieu situé à droite du point ordinaire. Dans ce choc où il y aura en présence deux corps de masses inégales animées de vitesses inversement proportionnelles à ces masses, l'échange des vitesses laissera d'après les lois du choc, en pareil cas, à chaque atôme, la vitesse qu'il avait avant le choc, de sorte que B partira plus tôt que d'ordinaire d'un lieu moins éloigné que d'ordinaire vers C qu'il rencontrera évidemment plus tôt que d'ordinaire, en un lieu situé à droite du point ordinaire du choc. Il y aura encore choc comme d'ordinaire sans autre différence que l'avancement du moment du choc et le déplacement à droite du lieu ordinaire de ce choc. C s'avancera donc vers E, etc., et chaque choc aura lieu plus tôt que d'ordinaire en un point situé en avant du point ordinaire, avec une différence uniforme d'un bout à l'autre de la file d'atômes; ce qui distingue ce quatrième système du troisième.

5° Si un atôme, vibrant ayant subi une augmentation de masse et en même temps une diminution de vitesse proportionnelle, vient heurter l'atôme voisin dans un corps, dit en repos, c'est-à-dire dont les atômes vibrent les uns contre les autres selon la description donnée plus haut, cela constituera un cinquième système ondulatoire, que je crois avoir reconnu dans le courant électrique.

Soit les atômes vibrants A B C D E F G H. *Fig. 4.*

$$
\begin{array}{l}
\text{A B C D E F G H} \\
\text{0.0.0.0.0.0.0.0.} \\
\text{0.0.0.0.0.0.0.0.} \\
\text{0.0.0.0.0.0.0.0.}
\end{array}
$$

Fig. 4

Si A, se trouvant tout d'un coup animé d'une vitesse moindre, mais en même temps accru comme masse, d'une quantité proportionnelle, s'avance vers B, il le heurtera plus tard que d'ordinaire, et en un lieu situé à gauche du lieu ordinaire. Puis il reviendra sur ses [pas avec la même vitesse qu'avant le choc, tandis que B partira en avant aussi avec la même vitesse, mais avec un certain retard. Il rencontrera C plus tard que d'ordinaire, et en un lieu situé à gauche du lieu ordinaire du choc. Il heurtera C comme il avait été heurté par B, retournera en arrière tandis que C partira en avant, etc., et il y aura un mouvement ondulatoire allant de H vers A, ayant beaucoup de rapport avec le précédent, sauf que dans celui-là le moment du choc était avancé, tandis qu'ici il va être retardé.

Telles sont, je crois, les principales combinaisons qui se présentent d'abord à la pensée, et aussi celles qui se trouvent le plus fréquemment dans l'observation des phénomènes physiques.

Elles suffisent, il me semble, à montrer que, comme je l'ai dit, il faut pour comprendre le mouvement ondulatoire tenir compte de deux éléments : 1° La vibration atomique ; 2° Un mouvement qui serait comme une des deux phases d'une vibration presque infinie, en un mot tenir compte de ce que l'on aurait appelé autrefois le repos et le mouvement.

Le nombre des mouvements ondulatoires peut d'ailleurs être considéré presque comme infini, puisqu'il comprend non-seulement les différents systèmes physiques auxquels se rapportent la chaleur, la lumière, l'acoustique, la dynamique, l'affinité chimique, etc., mais aussi tous les phénomènes particuliers.

Je ne compte m'occuper que de ceux que je viens de décrire, je signalerai seulement un système ondulatoire dont l'analyse serait certainement féconde en résultats, ce serait un système où l'on analyserait les différentes variations de directions de vitesses qui doivent résulter des formes cristallines des corps. Il est probable qu'on aurait là la clef de ce que l'on appelle les propriétés chimiques des corps.

Avant de quitter les généralités, j'ai encore à appeler l'attention sur une condition essentielle du mouvement ondulatoire.

Je veux parler de ce que l'on appelle en dynamique la réaction égale et contraire ; ce qui fait que quand un boulet de canon va en avant, le canon va en arrière, que quand un corps se combine en brûlant, un autre, par suite de la chaleur dégagée, peut se décomposer, en un mot, que tout excès en un sens paraît accompagné d'un autre en sens contraire, d'où l'on a tiré cette idée : que la quantité de mouvement répandue est limitée et indestructible comme la matière elle-même, et que quand il y en a plus en un endroit c'est qu'il y en a moins ailleurs.

De là est venue aussi l'idée des équivalents mécaniques, idée qui a du vrai mais qu'il ne faudrait pas exagérer. Le véritable équivalent du mouvement d'un boulet de canon serait le mouvement d'un boulet de canon, le véritable équivalent d'un mouvement se trouve non dans l'unité de temps mais dans l'unité d'espace. Je renvoie à la note dont j'ai déja parlé pour comprendre cet aphorisme. Avec les définitions algébriques de la matière, de l'espace et du temps contenues dans cette note, il serait bien facile de se rendre compte du fait des réactions égales et contraires, et des équivalents mécaniques.

Quoiqu'il en soit, je vais essayer de donner, par des exemples, des idées relativement justes sur ce sujet.

Revenons au vibrion dans un train de chemin de fer.

Pour lui, un site s'avancera de ce dont un autre reculera, bien que ce ne soit pas les mêmes sites ; voilà pour les équivalents.

Pour les réactions égales et contraires, admettons que l'excès de vitesse qui vient se greffer sur la vibration atomique pour constituer le mouvement ondulatoire n'est que la première phase d'une immense vibration, et alors nous trouverons les réactions en question dans la constitution, dans la nature même, dans les éléments nécessaires, de cette phase.

En effet, un mouvement vibratoire complet comporte nécessairement, on verra pourquoi dans mon analyse algébrique, deux espaces et deux temps, deux espaces dans chacun desquels un mobile se meut dans le même temps, et deux temps dans chacun desquels un mobile se meut dans le même espace. Or, dans le cas du mouvement ondulatoire où nous ne considérons qu'un seul temps, qu'une seule phase de la vibration, d'après l'hypothèse même, nous devrons trouver pour chaque fraction de ce temps, deux variations d'espace en sens contraire, variations mesurées par les mouvements des deux mobiles qui marchent en sens contraire avec des vitesses inversement proportionnelles à leurs masses, soit le mouvement proprement dit et sa réaction. Mais si nous nous mettons par rapport à deux temps dans un même espace, nous trouvons pendant le deuxième temps le même mobile, dont la marche est encore la même, sans qu'il y ait modification ni de masse ni de vitesse, mais seulement *changement de signe*. C'est pour cela que j'ai dit plus haut que le véritable équivalent du mouvement d'un boulet de canon serait dans le deuxième temps ou la deuxième phase, et qu'alors ce ne serait plus le recul du canon, mais la vitesse même du boulet, après avoir changé le signe.

Voilà avec quels éléments je compte essayer une explication de quelques phénomènes physiques.

Je ne me dissimule pas que mon essai sera probablement très imparfait, qu'il y manquera des éléments et qu'il y aura peut-être des erreurs.

Cependant je crois qu'il ne sera pas sans intérêt de voir qu'il est possible, avec de simples notions de mécanique, c'est-à-dire sans autres éléments que des masses et des vitesses, soit des masses de l'espace et du temps, et la théorie du choc, qui n'est autre que la théorie de l'impénétrabilité de la matière, qu'il ne sera pas impossible, dis-je, d'essayer l'explication du monde physique, sans forces, sans potentiel, sans cohésion, sans élasticité, sans affinité chimique, sans éther, sans fluides, sans chaleur, sans électricité, sans attraction d'aucune sorte, ni universelle, ni magnétique, du moins sans tous ces éléments considérés soit comme forces soit comme matière impondérable.

CHAPITRE II

COMMENT L'ÉQUILIBRE VIBRATOIRE PEUT CONSTITUER DIVERS ÉTATS DE REPOS DES CORPS

Pour commencer donc, je vais analyser les différents états. de repos de la matière, considérés comme des cas différents de vibration atomique.

J'en trouve quatre principaux, soit :

1º Le cas d'atômes de même poids se heurtant avec des vitesses égales, et ayant un écart vibratoire plus grand que leur diamètre atomique. J'expliquerai plus loin ce que j'entends par ces mots écart et diamètre atomique ;

2º Le cas d'atômes de même poids se heurtant avec des vitesses égales, et ayant un écart vibratoire moindre que leur diamètre atomique ;

3º Le cas d'atômes de poids différents vibrant les uns contre les autres ;

4º Le cas d'atômes heurtant un nombre inégal d'atômes.

Le premier cas d'état vibratoire, *celui d'atômes de même poids, se heurtant avec des vitesses égales, et ayant un écart vibratoire plus grand que leur diamètre atomique* est le plus simple de tous. Un gaz renfermé dans une cavité souterraine, là où la différence de température des jours et des saisons ne se ferait plus sentir, serait, ainsi que je vais le montrer, dans un état de vibration atomique parfait. D'ailleurs, tout gaz qui est exactement à la température du milieu ambiant est à peu près dans cet état d'équilibre.

Soit A B C D E F G H, etc. *Fig. 5*, les atômes de ce gaz.

L'atôme D, par exemple, est en état de vibration parfaite entre C et E ; c'est-à-dire que quand avec une certaine vitesse il s'avance vers C, il trouve celui-ci venant à sa rencontre avec une vitesse égale. Il y a alors échange de vitesses selon les lois du choc, entre masses égales animées de vitesses égales et D retourne vers E avec la vitesse de C et par conséquent avec la même vitesse qu'avant, pour reproduire avec E le même échange qu'il vient d'avoir avec C. Car tous les atômes sont animés de vitesses égales. En même temps le même phénomène se passe entre C et B, entre E et F, etc., et les derniers atômes à la surface du corps vibrent contre les substances contiguës, solides, liquides ou gazeuses dans des conditions qui déterminent un état d'équilibre parfait, comme on le verra plus loin.

Deuxième cas : Les atômes vibrants sont distants les uns des autres d'un écart inférieur à leur diamètre ; ce qui est le cas des corps solides.

Ici, il me faut expliquer pourquoi j'admets que dans les corps solides, l'écart vibratoire est moindre que le diamètre atomique, et que dans les gaz au contraire il est plus grand.

Bien des raisons conduisent à cette idée, mais les plus importantes sont basées sur la différence de densité des corps et leur différente compressibilité.

Commençons par la différence de densité.

Si l'on admet la matière il me semble indispensable de reconnaître aux atômes, en même temps qu'un certain poids un volume mensurable, si petit soit-il, et jusqu'à un certain point un volume plus grand pour les atômes plus lourds, soit plus de volume atomique dans une grande masse que dans une petite. Or, examinons un litre d'hydrogène qui pèse 89 milligrammes, et un litre de platine qui pèse 22,000 gr. soit 22 millions de milligrammes.

Si l'on admet que dans l'hydrogène les atômes occupent un certain espace, si petit qu'il soit, et que le reste de l'espace est consacré à l'écart vibratoire, sera-ce trop que d'évaluer l'espace occupé par ces atômes à 3 millionièmes du volume total ? Mais si l'on me fait cette concession et que l'on multiplie 3 millionièmes par 250,000 ce qui est à peu près le rapport de la densité du platine à celle de l'hydrogène on trouve que dans le platine les 3|4 de l'espace sont occupés par les atômes et qu'il n'en reste qu'un quart pour l'écart vibratoire.

Passons à la compressibilité. On comprime simultanément de l'air et du fer. L'air est réduit au centième de son volume primitif et le fer perd à peine un cent-cinquantième de ce volume, de sorte que pour la même pression la diminution de l'air est 700,000 fois plus grande que celle du fer. Comment se faire une idée mécanique de ce fait, si ce n'est en admettant que l'écart vibratoire atomique dans un volume d'air est 700,000 fois plus grand que dans un volume de fer, afin que la diminution se trouve relativement la même dans les deux cas.

Mais alors pour évaluer l'espace occupé par les atômes dans le fer il faut multiplier par 700,000 celui occupé par les atômes de l'air, et, à moins d'admettre que dans l'air les atômes n'occupent pour ainsi dire aucune place on arrive à trouver que dans le fer les atômes doivent occuper presque toute la place, et l'écart vibratoire, le peu qui reste.

Revenons au cas des atômes d'un corps solide vibrant les uns contre les autres avec un écart moindre que leur diamètre.

Pour plus de simplicité, je vais supposer des atômes sphériques, ne pouvant passer en revue toutes les formes de la

cristallagraphie, et je supposerai aussi que le corps tout
entier a la forme sphérique.

Dans ces conditions, il est clair que si la couche extérieure
d'atòmes formant la surface de ladite sphère est en état
d'équilibre vibratoire avec le milieu ambiant, dans des conditions que j'exposerai quelques lignes plus loin, il est clair
dis-je qu'elle ne peut pas être aussi en état d'équilibre avec
la couche intérieure qu'elle enveloppe immédiatement, du
moins sans certaines modifications.

En effet, les atòmes de la couche intérieure, sont, d'après
un théorème de géométrie bien connu, en nombre moindre
que ceux de la couche enveloppante, de sorte qu'il y a choc
entre nombre inégal d'atòmes animés d'ailleurs de vitesses
égales. Il en résulte donc, d'après les lois du choc, entre
masses inégales animées de vitesses égales un mouvement
général des couches extérieures vers les couches intérieures;
mais ce mouvement s'arrête bientôt.

En effet, pour chaque mouvement convergent, l'écart vibratoire dans la couche enveloppante diminue, d'une fraction
moindre que dans la couche intérieure, et comme par là le
nombre des atòmes dans l'unité de surface croît plus pour la
deuxième que pour la première, l'équilibre doit s'établir après
une certaine contraction du corps solide. Une fois cet équilibre établi, il ne devient plus possible de continuer l'appro-
chement des couches extérieures ou de continuer la contrac-
ction du corps solide, sans avoir à vaincre un excès de puis-
ance vibratoire, c'est-à-dire la force dite d'*élasticité* des corps.

D'autre part, cherchons à isoler la couche extérieure des
couches intérieures ; ce sera aussi fort difficile ; en effet, pour
chaque augmentation d'écart la couche extérieure du corps
solide trouve devant elle une surface 1m plus grande contenant
1m plus d'atòmes du milieu ambiant, puisque dans les conditions de l'expérience le milieu ambiant est un gaz dont les
atòmes séparés par un intervalle plus grand que leur diamètre,

peuvent remplir immédiatement l'augmentation de surface ; tandis que la couche d'atômes du corps solide, au contraire, dont les atômes sont distants les uns des autres d'un écart moindre qu'un diamètre atomique, ne peut opposer, à la surface agrandie du gaz ambiant un seul atôme de plus qu'avant l'augmentation de surface.

Je m'en tiens là pour le moment de cette explication de l'*élasticité* et de la *cohésion* parce que je compte y revenir plus tard. Je laisse donc sans y répondre bien des objections qu'elle va soulever; entre autres: comment la cohésion peut exister dans le vide (1); je néglige de montrer comment toutes les lois de la ténacité se déduisent de mon explication, et je laisse pour le moment au lecteur le soin de continuer ces analyses selon le plan indiqué.

Un mot seulement se rapportant à la gravitation universelle. Que le lecteur suppose par la pensée une immense nébuleuse dont toutes les parties seraient en équilibre vibratoire parfait, en dehors de tout centre stellaire ou de tout centre d'attraction (condition indispensable pour mon hypothèse); je le défie alors de déterminer par la pensée un point quelconque pris dans cette nébuleuse, sans que ledit point devienne immédiatement un centre d'attraction, un point de gravitation commun pour toutes les parties de la nébuleuse. Ce qui revient à dire qu'une nébuleuse ne se condensant pas serait une absurdité mécanique; ou qu'en prenant le monde avec ses éléments, tous les phénomènes qu'il nous offre sont nécessaires. (*Voir note B.*)

Troisième cas : Les atômes vibrants diffèrent de poids.

---

(1) Cette objection, d'ailleurs, est bien peu sérieuse. On doit comprendre que ce que l'on appelle le vide, recevant les chocs des corps contigus, se met forcément en état d'équilibre vibratoire avec ces corps, et transmet aux corps, qu'il enveloppe immédiatement, toute la puissance vibratoire de l'air intérieur.

Je suppose deux corps juxtaposés; par exemple de l'hydrogène et de l'azote, dont l'un a pour poids atomique 1, et l'autre 14.

Chacun de ces deux gaz a, d'après la loi de Gay-Lussac, un nombre égal d'atômes dans l'unité de volume; par conséquent sur une surface commune ou surface de contact, il y aura choc d'atômes en nombre égal de part et d'autre.

L'équilibre semblerait impossible puisque l'atôme d'hydrogène, par exemple, devra être heurté par un atôme d'un poids 14 fois plus élevé que le sien. Cependant l'équilibre existe, cherchons-en la loi.

Pour cela je vais être obligé de faire une petite digression sur les lois des volumes des corps et spécialement des gaz.

Les gaz ont leur volume vrai, c'est-à-dire un volume correspondant non-seulement aux mesures extérieures, ce qui revient à dire qu'ils n'ont pas de pores physiques, mais même correspondant à la valeur du mouvement vibratoire (1) qui entre dans leur constitution.

Supposons deux corps absolument froids : de l'hydrogène gelé, par exemple, et de l'azote gelé, tous deux à une température T, au-dessous de la température moyenne terrestre. Si nous appelons A le poids atomique de l'hydrogène et A' celui de l'azote, et que nous amenions par la pensée les deux corps à la température moyenne terrestre, l'hydrogène absorbera, d'après la loi de Dulong et Petit sur les caloriques spécifiques, A'T chaleur ou mouvement selon les théories modernes et l'azote A T; c'est-à-dire que le kilog d'hydrogène absorbera 14 fois plus de mouvement que le kilog d'azote. Mais dans le kilog d'hydrogène il y a 14 fois plus d'atômes

---

(1) On admettra, je pense, avec moi, que les gaz, à cause de l'extrême mobilité de leurs atômes, ne peuvent pas avoir de pores physiques. Je n'appelle pas pore l'espace rempli par la vibration atomique

que dans le kilog d'azote, ce qui fait que chaque atôme, en
définitive, de chaque corps absorbera la même quantité de
mouvement ; et comme l'atôme d'hydrogène prenant autant
de mouvement que l'atôme d'azote pèse 14 fois moins, il devra
avoir une vitesse 14 fois plus grande. Cette vitesse vibratoire
14 fois plus grande pour l'hydrogène que pour l'azote devra
dilater le kilog d'hydrogène 14 fois plus que le kilog d'azote,
en un mot lui donner un volume 14 fois plus grand. Or, c'est
ce qui est constaté par l'observation, c'est ce qui est vrai
pour tous les gaz simples d'après la loi de Gay-Lussac.

Donc le volume des gaz pour un même poids correspond
exactement à la vitesse vibratoire qui entre dans leur constitution.

Pour les corps solides, il devrait aussi en être de même,
c'est-à-dire que leur volume pour un même poids, devrait
aussi être proportionnel à leur vitesse vibratoire intérieure
ou à leur calorique spécifique. Mais bien des causes viennent
modifier les résultats apparents.

Il y a d'abord la porosité qui empêche de mesurer exactement les corps solides. Si les pores sont grands comme
ceux d'un échaudé on peut les mesurer en mettant le corps
dans un liquide, mais s'ils sont trop petits comme ceux de
l'or (pores constatés cependant par l'expérience de la sphère
d'or pleine d'eau) cela devient impossible. De sorte que le
volume vrai est fort difficile à établir.

Quant au calorique spécifique il l'est au moins autant.

En effet, si l'on veut s'en rapporter à l'observation on se
heurte à la difficulté de séparer le calorique spécifique ou
calorique de dilatation ou mouvement vibratoire intérieur,
du calorique latent de fusion (1) et si l'on veut appliquer la

---

(1) Dans mon hypothèse le phénomène de la fusion serait dû à un
mouvement rotatoire de l'atôme, déterminant la fluidité des corps par
la destruction de l'édifice cristallographique. Ce calorique rotatoire de

loi de Dulang et Petit sur le rapport du calorique spécifique au poids atomique, on se heurte à la difficulté de déterminer ce véritable poids atomique.

Cependant en jetant les yeux sur des tables de densité et de calorique spécifique, on peut voir qu'il y a un certain rapport inverse entre les deux valeurs, pour les solides comme pour les gaz.

Certaines exceptions sont du reste faciles à expliquer, entre autres celle du bismuth qui devrait être aussi lourd que le platine, et l'est presque moitié moins, probablement à cause de la grande quantité de pores qu'il contient et qui semble indiquée par son énorme contraction à la fusion.

Je reviens à mes deux corps, l'hydrogène et l'azote, dont les atômes de poids différent se heurtent dans un mouvement vibratoire en équilibre.

Après tout ce qui précède, l'étude de ce cas d'équilibre vibratoire ne peut plus présenter de difficulté.

En effet, l'atôme d'hydrogène quand il vient heurter l'atôme d'azote vient avec une vitesse 14 fois plus grande puisqu'il a eu 14 fois plus d'espace à franchir dans le même temps, le kilog d'hydrogène, ayant été 14 fois plus dilaté que le kilog d'azote. Or, d'après les lois du choc entre corps de masse différente animés de vitesses inversement proportionnelles à ces masses, chaque atôme dans ce cas doit retourner en arrière avec la même vitesse qu'avant le choc.

Ainsi la loi de Dulong et Petit est tout simplement une nécessité pour la matière dite en repos, c'est-à-dire en état de vibration atomique.

Si nous cherchons à appliquer aux gaz composés les lois

---

fusibilité, qui ne contritribue pas à l'écart atomique, serait facilement confondu avec le mouvement ..bratoire ou calorique spécifique réel, dans le verre, la porcelaine, tous les silicates, les corps gras, le fer, le platine, etc., où la fusibilité se fait pour ainsi dire insensiblement.

de l'équilibre vibratoire, toutes les observations faites sur le calorique spécifique de ces corps nous apparaissent immédiatement sous un jour nouveau, qui jette une grande clarté sur l'ensemble du travail.

En effet, la formation de l'atôme, ou si l'on veut de la molécule d'un gaz composé comme l'acide chlorhydrique, par exemple, ou la vapeur d'eau, n'a pas dû tellement confondre, en un même tout, les atômes simples, hydrogène et chlore ou hydrogène et oxygène dont elle est composée, qu'il en soit résulté une masse plus grande et pourtant heurtant dans un même choc, seulement un atôme voisin comme cela a lieu pour les gaz simples. Il est bien plus rationnel de penser que l'atôme de l'acide chlorhydrique heurtera deux atômes voisins puisqu'il est composé de deux atômes et que l'atôme de vapeur d'eau heurtera trois atômes voisins puisqu'il est composé de trois volumes ou de trois atômes.

Mais si l'atôme d'acide chlorhydrique heurte deux atômes voisins, si l'atôme d'eau en heurte trois, il est évident qu'il faut à l'acide chlorhydrique pour être en état d'équilibre vibratoire, une vitesse deux fois moins diminuée que son augmentation de poids ne l'indique, et à l'eau une vitesse trois fois moins diminuée, en un mot que l'on devra, pour obtenir par la théorie le calorique spécifique de l'acide chlorhydrique, calculer ce calorique en raison inverse du poids atomique de l'acide chlorhydrique, c'est-à-dire en raison inverse de la somme des quantités mises en présence dans la formation de l'acide chlorhydrique, et ensuite multiplier le résultat par 2; de même pour l'eau, calculer le calorique spécifique de l'eau en raison inverse du poids atomique de la vapeur d'eau et ensuite multiplier le résultat par 3. C'est en définitive la loi suivante de M. Garnier : Les caloriques spécifiques des corps composés sont en raison inverse des poids atomiques moyens de ces corps. En effet, dans le cas qui précède, diviser d'abord le poids atomique du corps composé, par 2 ou par 3 pour avoir le poids moyen, et ensuite calculer le calorique spécifique en raison inverse de cette moitié ou de ce tiers de poids atomiques ainsi obtenu, ou calculer le calorique spécifique, en raison inverse du réel poids atomique, et ensuite multiplier le résultat par 2 ou par 3, c'est bien la même chose.

Comme la loi de Garnier a été reconnue vraie pour tous les corps composés ordinaires , je n'ai pas besoin d'apporter d'exemples à l'appui de ma théorie.

Je viens de parler de corps composés ordinaires, c'est qu'en effet il y a des corps composés que l'on pourrait dire extraordinaires, tels le cyanogène, l'ammonium, les radicaux organiques, etc., qui se comportent comme des corps simples. Pour établir les lois d'équilibre vibratoire de ces corps, il faudrait reprendre complètement l'étude de la thermochimie, ce qui n'entre pas dans le plan de ce travail.

Je ferai seulement remarquer que la vitesse vibratoire des atômes d'un gaz, vitesse qui correspond évidemment à l'amplitude vibratoire, puisque dans ma théorie, le synchronisme des vibrations atomiques où leur égale fréquence est la base même de l'état d'équilibre, je ferai remarquer dis-je que la vitesse vibratoire d'un gaz peut varier dans l'unité de volume, avec un même nombre d'atômes, et des atômes d'une même masse, si les formes castallagraphiques de ces atômes ne sont pas les mêmes. En effet la vitesse vibratoire proportionnelle comme je viens de le dire à l'amplitude vibratoire sera évidemment en raison inverse du nombre des chocs dans l'unité de temps et le nombre de ces chocs pour des atômes de même masse et en même nomb e sera évidemment aussi proportionnel au carré des surfaces des atômes, surfaces variables avec les variations des formes cristallines.

Quatrième cas : Equilibre vibratoire entre des atômes en nombre différent. Exemple: Un gaz comprimé dans une enveloppe résistante c'est-à-dire à l'intérieur d'un corps solide.

L'explication que j'ai donnée plus haut d'un corps solide va faire comprendre facilement cet état d'équilibre.

Voyons d'abord comment on arrive à comprimer un gaz à l'intérieur d'un corps solide.

Supposons une bombe d'une capacité de un litre, par exemple, munie d'une pompe foulante qui permette d'y condenser une grande quantité de litres d'air, et analysons tous les phénomènes qui vont se produire pendant l'opération de la compression.

D'abord je dois prévenir que nous allons voir apparaître divers mouvements ondulatoires que je serai obligé d'étudier en même temps que j'étudierai l'état d'équilibre vibratoire qui fait l'objet principal de ce chapitre.

Aussi bien, j'aurai là une transition pour passer de l'étude de la vibration à l'étude de l'onde, puisque j'en suis arrivé au dernier cas d'équilibre vibratoire que je dois analyser dans ce travail.

CHAPITRE III

Au moment donc où ma main pressse sur le piston et le fait avancer vers le gaz enfermé dans la bombe, les atômes du piston qui dans l'état de repos vibraient en équilibre avec les atômes du gaz, selon les descriptions données plus haut, s'avancent maintenant à la rencontre des atômes du gaz avec leur vitesse ordinaire augmentée de celle de ma main.

Ils rencontrent donc les atômes du gaz plus tôt que d'ordinaire et en un lieu situé en avant du lieu ordinaire. Le choc a lieu, et selon les lois du choc entre corps animés de vitesses inégales, les premiers atômes de gaz heurtés prennent l'excès de vitesse des atômes du piston et partent en avant.

Ils rencontrent les atômes contigus beaucoup plus tôt que d'ordinaire et en un lieu beaucoup en avant du lieu ordinaire, puisqu'ils sont partis plus tôt, de moins loin, et avec plus de vitesse que d'ordinaire, il y a encore choc comme précédemment, échange de vitesse et départ des atômes de plus en plus tôt, de moins en moins loin et toujours avec un excès de vitesse. C'est bien l'onde que j'ai décrite au n° 3, l'onde calorique ou l'onde lumineuse, comme on voudra, puisque la lumière n'est évidemment que du calorique rayonnant à un certain degré de vitesse.

Le gaz renfermé dans la bombe se trouve donc traversé par une onde calorique qui se dirige vers le centre de la bombe en venant du piston, et comme toutes les parois de la bombe sont, par rapport au gaz, dans les mêmes conditions de mouvement relatif que le piston, la résultante de tous ces mouvements ondulatoires opposés, concentrés dans un espace restreint, donne lieu à un excès de fréquence vibratoire, d'où résulte le phénomène corps chaud. On observe d'ailleurs cette augmentation de fréquence vibratoire toutes les fois que l'on resserre l'espace dans lequel un mouvement vibratoire se produit, par exemple quand on rapproche subitement du sol la main qui faisait rebondir une balle élastique entre le sol et la main.

Dans la théorie de l'indestructibilité du mouvement, on dit alors que le mobile retrouve en fréquence ce qu'il perd en amplitude vibratoire.

Mais cet excès de fréquence vibratoire peut-il se conserver à l'intérieur de la bombe, non, évidemment; dans ma théorie, un excès de mouvement entraine toujours la destruction de l'état de repos par formation de mouvement ondulatoire, en un mot, production de phénomène, et, en effet, l'atôme de gaz vibrant plus fréquemment que de coutume, heurte les atômes de la bombe et plus violemment et plus fréquemment que d'ordinaire, ce qui donne lieu au double phénomène de l'onde calorique et de la dilatation calorique dans le corps de la bombe.

Je renvoie à l'étude sur le calorique, qui occupe les chapitres suivants, pour comprendre ce passage.

Le calorique apparent créé par le fait de la compression du gaz se disperse donc dans le milieu ambiant, par conductibilité et par rayonnement, et il reste à l'intérieur de la bombe un gaz comprimé vibrant avec excès de masse contre les parois de la bombe, qui, en retour, vibrent contre le gaz avec excès d'amplitude.

En effet, la bombe s'est dilatée sous l'influence de la pression intérieure. Ses atômes vibrent maintenant avec un plus grand

écartement qu'avant, ainsi qu'on peut le constater en mesu-
rant la bombe avant et après la compression du gaz, et, venant
de plus loin dans le même temps, par excès de vitesse ils font
équilibre à l'excès de masse du gaz.

Mais l'équilibre peut-il encore exister comme avant entre
les parois extérieures et l'atmosphère ambiante? Oui, tant
que l'amplitude vibratoire des atòmes de la bombe ne sera pas
exagérément accrue. En effet, la surface extérieure de la
bombe se trouvant agrandie par la dilatation, a devant elle
un plus grand nombre d'atòmes vibrants qu'auparavant,
résultant de cette condition que dans l'athmosphére ambiante,
l'écart vibratoire est plus grand que le diamètre atomique ;
tandis qu'il est plus petit dans la bombe et que par conséquent celle-ci n'oppose toujours que le même nombre d'a-
tòmes aux chocs de l'air extérieur.

Mais il ne faut pas que la dilatation soit telle qu'elle rende
l'écart atomique égal au diamètre atomique dans la surface
de la bombe, car alors de nouveaux atòmes, apparaissant dans
l'agrandissement, enfonceraient, si je peux m'exprimer
ainsi, le front de bataille de l'athmosphère. Aussi nous nous
trouvons dans de nouvelles conditions, la cohésion est presque détruite et la bombe est toujours sur le point d'éclater.

Quand elle éclate on voit apparaître le premier système
ondulatoire décrit au commencement de ce travail : le
mouvement dit de translation.

*Si un ensemble d'atòmes vibrants reçoit une vitesse affec-
tant l'ensemble des atòmes en question, en un mot si un
corps dit en repos reçoit une vitesse affectant simultanément
toutes les parties de ce corps on a le mouvement ondulatoire
dit mouvement de translation.*

Supposons en effet que dans l'expérience que je décrivais
quelques lignes plus haut, la bombe vienne à éclater, ses divers
fragments lancés dans l'espace présenteront justement les
conditions que je viens d'indiquer, puisque tous les atòmes

de ces fragments étaient animés dans le sens de la normale d'un excès de mouvement vibratoire synchronique supérieur à celui du milieu ambiant, tandis qu'il était en équilibre du côté du gaz comprimé dans la bombe. Il y aura donc mouvement de translation dans le sens de la normale.

Si, au lieu de gaz comprimé dans la bombe par une pompe foulante , on avait eu un excès de gaz résultant de l'explosion de la poudre à canon, on comprend que le résultat eût été exactement le même.

Examinons maintenant le cas de mouvement de translation résultant d'un choc. Supposons un boulet de canon qui arrive avec une vitesse de 250 mètres à la seconde sur un combattant et selon l'expression vulgaire lui emporte un membre. Pourquoi avons-nous, dans ce cas, mouvement de translation du membre, au lieu de mouvement ondulatoire acoustique ou de mouvement ondulatoire calorique etc.

La définition nous le dit clairement : parce que tous les atômes ont été atteints simultanément. En effet par rapport au peu de vitesse du boulet de canon, les atômes vibrants qui se meuvent dans le membre avec la vitesse de la lumière se sont transmis les uns aux autres, le choc avec une telle rapidité que c'est comme s'ils l'avaient reçu tous en même temps.

Il n'en aurait pas été de même si le boulet de canon avait eu plus de vitesse et avait frappé une plus grande masse, par exemple une muraille de fer de 2 ou 3 mètres d'épaisseur.

Dans ce cas, la paroi apposée aurait reçu le choc après un temps appréciable, et on aurait eu le mouvement nduolatoire décrit au n° 2 et dont je donne à nouveau la définition.

Si un ensemble d'atômes vibrants soit toujours un corps en repos reçoit une vitesse affectant seulement une partie desdits atômes, on a un système ondulatoire qui, en physique, a été étudié spécialement à propos de l'onde acoustique.

Ce qu'il y aurait peut-être de plus important à dire sur ce sujet se rapporterait aux modifications que subissent les parcelles se transmettant successivement l'excès de vitesse, quand des parcelles d'une certaine masse viennent heurter des parcelles d'un poids moindre pour le même volume, comme dans le cas où le son passe d'un corps solide dans l'air. Mais je renvoie pour cela à mon étude sur le calorique rayonnant, à l'endroit où j'analyse le passage de l'onde calorique solaire à travers la matière intersidérale.

Du reste, je compte revenir plus tard sur ce sujet pour donner la théorie de la vitesse du son dans tous les corps, en tenant compte de l'excès de vitesse initial (1).

Troisième mouvement ondulatoire : Si un ensemble d'atômes vibrants constituant un corps dit en repos, reçoit un excès de vitesse affectant isolément chaque atôme, on a un système ondulatoire que je crois avoir reconnu dans l'onde calorique.

Comme j'ai déjà décrit deux fois ce système ondulatoire, je ne recommencerai pas, je rappellerai seulement que ce qui le caractérise c'est l'avancement de l'heure, et du lieu du choc à la suite de chaque choc en raison directe du produit de l'excès de vitesse par le carré du nombre des chocs.

Pour étudier ce système ondulatoire je vais comme toujours me placer d'abord dans les conditions où on le voit se produire d'ordinaire.

Quelques lignes plus haut, j'ai montré la formation de l'onde calorique dans la compression d'un gaz, maintenant je vais étudier sa formation dans la combinaison chimique, ce qui est de beaucoup le cas le plus fréquent.

---

(1) Ma théorie expliquera très-facilement ce fait : que dans une expérience célèbre de Prony, au pôle Nord, on entendait le bruit du canon avant la voix de l'officier qui avait ordonné le feu.

C'est donc la combustion, le feu, que je vais tâcher d'analyser, et pour prendre l'expérience tout à fait à son origine, je vais essayer de faire du feu sans le secours d'une première étincelle, afin d'éviter ce que l'on appelle en logique la pétition de principe. Cela est possible ; les sauvages en effet obtiennent du feu par le frottement de deux morceaux de bois l'un contre l'autre.

Je suppose donc un mouvement extrêmement rapide venant surprendre des atômes de carbone et d'oxygène juxtaposés.

Ce mouvement doit être le mouvement ondulatoire décrit au n° 3, puisque je le dis extrêmement rapide.

En effet, dans ma description du mouvement de translation, j'ai montré qu'un mouvement lent communiqué par choc à un corps, tend à affecter simultanément tous les atômes de ce corps ; d'où ce corollaire, un mouvement suffisamment rapide affectera isolément chaque atôme, ce qui, d'après la définition, est la condition essentielle des mouvements décrits aux n°s 3, 4 et 5. Mais ce ne peut pas être le mouvement décrit au n° 4 ni au n° 5, puisqu'il est communiqué par des corps qui auparavant se trouvaient en équilibre vibratoire et qui, dans les conditions de l'expérience, n'ont pas subi évidemment la variation de masse, correspondant à une varaition inverse de vitesse, qui caractérise les systèmes n°s 4 et 5.

C'est donc l'onde décrite au n° 3 qui vient surprendre deux atômes de carbone et d'oxigène juxtaposés, c'est-à-dire vibrant en équilibre.

Dans ce système de mouvement ondulatoire, le moment et le lieu du choc avancent après chaque choc d'une quantité égale à la moitié du produit des chocs par l'excès de vitesse ; par conséquent il arrivera un moment où l'atôme qui vient de recevoir l'excès de mouvement, atteindra l'atôme voisin, juste au moment où celui-ci heurte l'autre atôme ; et il y aura un choc dans lequel trois atômes se trouveront en présence.

Que résultera-t-il de ce choc? ce sera, on doit immédiatement le prévoir un changement de direction de l'atôme central par rapport au temps. C'est-à-dire que cet atôme qui pour un certain moment allait par exemple de gauche à droite, puis, pendant le moment suivant, de droite à gauche de façon à marcher toujours en opposition avec les atômes contigus, marchera maintenant de gauche à droite en même temps que l'atôme suivant puis reviendra de droite à gauche encore avec lui, en un mot sera combiné chimiquement avec cet atôme. Pendant ce temps l'atôme cause de tout, l'atôme qui avec son excès de vitesse est venu donner le choc retourne sur ses pas avec la vitesse de l'atôme central qu'il a échangé contre la sienne selon les lois ordinaires du choc, c'est-à-dire qu'il revient à son état vibratoire normal.

Tâchons maintenant d'apprécier la valeur du changement qui vient de s'opérer.

Une des deux phases du mouvement vibratoire a été supprimée.

Deux atômes qui autrefois vibraient non-seulement contre le milieu ambiant, mais aussi contre eux-mêmes, ne vibrent plus maintenant que contre le milieu ambiant.

Il y a donc eu diminution d'écart vibratoire ou de vitesse vibratoire puisque l'écart vibratoire est réglé par la vitesse vibratoire, ou de volume, puisque le volume est réglé par l'écart vibratoire.

Aussi toute combinaison chimique est un phénomène de contraction; que d'ailleurs cette contraction soit apparente ou non. Je vais me faire comprendre.

Un litre de chlore s'unit à un litre d'hydrogène, il y a production de phénomènes caloriques et électriques, puis l'équilibre vibratoire se rétablit, on mesure l'acide chlorydrique formé et on trouve deux litres; où est la diminution de volume?

Je vais répondre par un autre exemple.

Si pour mesurer la contraction du cuivre à 30 degrés au-dessous de zéro, vous vous en alliez au pôle avec une tige de cuivre et un mètre de cuivre, trouveriez-vous une diminution de longueur, quelque soin que vous preniez de mesurer la tige de cuivre avec votre mètre?

De même après la *cessation des phénomènes* physiques, après le rétablissement de l'équilibre vibratoire, il vous est impossible de trouver une diminution dans le volume de l'acide chlorydrique, car c'est par une diminution de vitesse vibratoire que le volume de cet acide a diminué, et évidemment dans les conditions d'échange de chocs de tous les atomes de l'univers, les uns par rapport aux autres, un excès ni une diminution de vitesse ne peuvent subsister en aucun point de cet univers, sans qu'aussitôt les vitesses tendent à s'uniformiser.

Les phénomènes physiques dits de mouvements caloriques, optiques, électriques, etc., se sont produits tant qu'il y a eu excès d'un point sur un autre point, puis tout s'est trouvé nivelé, et la contraction a porté sur l'univers entier. Aussi, pour mesurer la contraction de l'acide chlorydrique c'est l'univers tout entier qu'il faudrait mesurer avec une unité prise en dehors de l'ensemble vibratoire qui constitue cet univers.

Dans ma théorie, on le voit, tout phénomène physique correspondrait à une contraction de l'univers, et c'est cette contraction qui constituerait une des deux phases de l'immense vibration dont je parle depuis le commencement de cette étude.

Revenons à notre analyse mécanique.

Comme les phénomènes électriques sont intimement liés aux phénomènes caloriques dans les combinaisons chimiques, je vais étudier simultanément ces deux systêmes ondulatoires. *(Voir note D.)*

Je vais donc donner à nouveau, pour aider les souvenirs du lecteur, la définition du cinquième système ondulatoire dont j'ai dit que je croyais avoir reconnu l'existence dans les phénomènes électriques, et ensuite nous étudierons simultanément la production de ces deux systèmes dans les réactions chimiques.

Voici cette description de mon cinquième système ondulatoire :

Etant donné un corps dit en repos, c'est-à-dire constitué par une réunion d'atômes vibrants, si un de ces atômes se trouve heurté, après le moment ordinaire du choc, par l'atôme voisin, qui, ayant eu sa masse augmentée, a eu sa vitesse diminuée dans la même proportion, on a un système ondulatoire dont je crois avoir reconnu l'existence dans le courant électrique.

Quant au caractère spécial de ce système ondulatoire, il consiste en ce que le moment et le lieu de chaque choc sont déplacés d'une valeur constante, d'un bout à l'autre de la file d'atômes donnant passage à l'onde.

Reprenons maintenant l'expérience de la combustion au moment ou nous venons d'obtenir la combinaison d'un atôme de carbone avec un atôme d'oxygène (1). Nous avons donc un atôme double soit une molécule, pour employer le langage de certains physiciens, marchant en avant dans le sens de sa longueur, avec une vitesse égale à celle qu'avaient en moyenne les atômes composants, augmentée de l'excès de vitesse apporté par l'atôme dont le choc a déterminé la combinaison chimique. Le premier choc de cet atôme double déterminera évidemment une nouvelle onde du système décrit au n° 3, onde qui, on le voit, produit la combinaison chimique et résulte de la combinaison chimique tout à la fois. Mais l'effet sera plus énergique puisque le mouvement sera $2\,m\,(v + 1/2\,\delta), > m\,(v + \delta)$, en appelant m la masse de

---

(1) Pour plus de simplicité, je suppose que c'est de l'oxide de carbone qui se forme.

chaque atôme, *v* sa vitesse vibratoire dans l'état d'équilibre et δ l'excès de vitesse.

Il en résultera donc une combinaison chimique plus vive et c'est ainsi, que pour employer le langage usuel, le feu s'active en brûlant. Quant au résultat du feu, il est commé je viens de le dire, l'onde décrite au n° 3, onde qui donne lieu à tous les phénomènes dits caloriques et lumineux et à la combinaison que je viens de décrire ci-dessus, quand les circonstances favorables d'intervalle vibratoire, de forme cristallographique, de masse, de surface, etc., des corps en présence, le permettent.

L'étude de la chaleur, d'après la théorie ci-dessus, sera faite dans le prochain chapitre, et je pourrai formuler des lois indiquant *a priori* les pouvoirs conducteurs, diathermanes, réflecteurs, transparents, réfringeants, translucides phosphorescents, etc. (1) des différents corps dans différentes conditions.

---

(1) On a voulu trouver des traces, si je puis m'exprimer ainsi, de la production de la chaleur, dans ce qui reste après cette production; en un mot, on espérait, en étudiant le calorique spécifique des éléments composants et le volume du composé avant et après la réaction chimique, on espérait dis-je, trouver une différence correspondant à la production de la chaleur, mais M. Berthelot a démontré expérimentalement la vanité de ces recherches. Pour moi, la question est très claire, pour trouver une différence de vitesse vibratoire, il faudrait évaluer celle de notre système solaire avant et après, et pour trouver une différence de volume, mesurer aussi ce système tout entier avant et après la réaction chimique ; ce qui, il faut l'avouer, dépasse nos moyens.

Pourtant, ma théorie n'infère rien contre la modification de température résultant de modifications isolées de volume, qui a été l'objet des analyses de M. Berthelot.

Si dans mon expérience citée plus haut, on fût allé au pôle nord, par 30 degrés de froid, soit 50 degrés plus bas qu'à Paris, avec une tige de zinc longue d'un mètre, le mètre de cuivre eût accusé une contraction de 0 millim. 65, et si l'on y fût allé avec une tige de fer, il eût marqué une dilatation de 0 millim. 23 : le tout en sus de la contraction générale.

Je vais arriver maintenant à l'autre mouvement ondulatoire qui est comme le corrollaire du mouvement ondulatoire calorique produit dans les combinaisons chimiques, c'est-à-dire au mouvement ondulatoire électrique.

Tandis que l'atôme nouvellement formé s'avance en un certain sens pour former dans son choc, avec les atômes voisins, le troisième système ondulatoire d'où résultent les phénomènes caloriques et lumineux, le cinquième système ondulatoire se forme en arrière, car quand cet atôme double revient avec la vitesse seulement de l'atôme qu'il a heurté répartie sur une masse double de cet atôme et par conséquent devenue deux fois moindre, quoique donnant lieu à la même quantité de mouvement puisque elle anime une masse double ; quand, dis-je, cet atôme double revient sur ses pas, il arrive pour le choc avec un certain retard résultant de ce que pour revenir, il a moins de vitesse que pour aller en avant et que l'intervalle à franchir pour le retour s'est trouvé agrandi par suite de l'excès de vitesse avec lequel il avait marché en avant.

Voilà l'onde électrique (1) :

Une succession d'ondes électriques traversant un conducteur, donne lieu au courant électrique ; une certaine quantité d'ondes électriques allant et venant dans un conducteur, d'une étendue limitée, donne lieu aux phénomènes de l'électricité statique, qui est au courant électrique ce que le phénomène corps chaud est au calorique rayonnant.

---

(1) Il est important de remarquer ici que de cette façon l'atôme nouvellement formé marcherait en avant dans le sens de sa longueur pour heurter un seul atôme voisin, tandis que l'analyse du calorique spécifique des corps composés, m'a amené à admettre que chaque atôme composé heurte, dans un même choc, autant d'atômes voisins qu'il entre d'atômes simples dans sa constitution. Mais, il faut remarquer que dans mon analyse du calorique spécifique, je considérais un cas d'équilibre, tandis qu'en ce moment, j'analyse un état transitoire.

Je vais immédiatement montrer, par une assimilation des constantes voltaïques aux différentes valeurs qui entrent dans la formule d'un mouvement ondulatoire, que mon explication est plausible.

Mais auparavant il me faudra revenir, pour quelques instants, sur l'étude de mon troisième système ondulatoire, c'est-à-dire de l'onde calorique, que je n'ai fait qu'effleurer.

J'exposerai les lois de la propagation de l'onde calorique au travers des corps, avant d'en faire autant pour l'onde électrique, car il me semble avantageux de passer du connu à l'inconnu. Et depuis les travaux d'analyse de Fresnel sur la lumière et les belles expériences de la Prévostaie et Desains sur le calorique, on peut dire que l'on trouve un terrain connu quand on veut reprendre ces études, pour aller encore quelques pas plus avant.

CHAPITRE IV

RELATIONS REMARQUABLES ENTRE LES DIFFÉRENTES PROPRIÉTÉS DES CORPS PAR RAPPORT AU CALORIQUE RAYONNANT

Pour commencer, je vais donner dans les tables ci-dessous, les résultats des expériences les plus importantes faites sur le calorique rayonnant :

N° I

Pouvoir diathermane de différents corps pour des rayons caloriques issus de foyers diversement chauds.

	Lampe Locatelli	Platine incandescent	Cuivre noirci 390°	Cuivre noirci à 100°
Sel gemme, louche ..	92	92	92	92
Sel gemme, pur......	65	65	65	65
Sphath d'Islande....	39	28	6	»
Verre à glace.......	39	24	6	»
Cristal de roche	38	28	6	»
Tourmaline verte....	18	16	3	»
Sulfate de chaux	14	5	»	»
Acide citrique......	11	2	»	»
Alun	9	2	»	»
Glace très pure.....	6	»	»	»

N° II

Pouvoir réflecteur de différents corps pour des rayons caloriques issus de foyers diversement chauds.

	Soleil.	Lampe Locatelli	Lampe alcool salé
Argent................	92	97	»
Or....................	87	95	»
Laiton cuivre........	»	93	94
Métal des miroirs.....	64	86	»
Etain	60	85	86
Platine	»	80	»
Acier................	60	83	88
Zinc.................	»	81	»
Fer..................	»	77	»
Fonte................	»	74	»

N° III

Pouvoir absorbant de différents corps pour des rayons caloriques issus de foyers diversement chauds.

	Lampe Argant	Lampe Locatelli	Platine incandescent	Cuivre à 400°	Cuivre à 100°
Noir de fumée........	100	100	100	100	100
Encre de Chine.......	100	96	95	87	85
Céruse...............	24	52	56	89	100
Colle de poisson	45	52	54	64	91
Gomme-laque........	30	43	47	70	72
Métaux	17	14	13.5	13	13

N° IV

Autre Table de pouvoir absorbant.

	Soleil	Lampe modérateur	Lampe Argant	Lampe Locatelli	Lampe alcool sale	Cuivre à 100°
Noir de Platine......	»	»	100	»	»	»
Cinabre............	»	»	28,5	»	»	»
Blanc de céruse.....	19	»	21	»	»	»
Acier..............	42	34	»	17,5	12	»
Métal des miroirs....	34	30	»	14,5	»	»
Platine	39	30	»	17	14	10,5
Zinc..............	»	32	»	19	»	»
Etain	»	32	»	15	»	»
Laiton............	»	16	»	7	6	5,5
Or en feuilles........	1,30	»	4	4,5	»	4,5
Argent en poudre ...	»	»	21	»	»	»
Plaqué argent.......	8	8	»	2,5	»	»
Argent en feuilles...	7,5	»	»	»	»	»

N° V

Pouvoir émissif de certains corps d'après La Prévostaie et Desains pour un faible excès de température, soit pour un excès de 160 degrés environ. Le pouvoir émissif du noir de fumée est pris comme unité = 100.

Argent vieux...............	3
Argent mat...............	5,35
Argent pur bruni...........	2,50
Argent déposé chimiquement ..	2,25
Argent argenté.............	2,05
Platine laminé.............	10,80
Platine bruni.............	9,50
Or en feuilles.............	4,28
Cuivre en lames...........	4,00

N° VI

Autre table de pouvoir émissif, d'après Leslie, pour un excès de température qui n'est pas indiqué exactement, mais qui, d'après Daguin, était assez élevé quoique au-dessous du rouge. L'unité est toujours le pouvoir émissif du noir de fumée = 100.

Eau (par évaluation)............	100
Cire à cacheter................	95
Verre........................	90
Encre de Chine................	88
Glace	85
Minium.......................	80
Plombagine...................	75
Mercure	20
Plomb brillant................	19
Fer poli......................	15
Etain, Argent, Cuivre, Or.....	12

On peut étendre l'importance des tables ci-dessus, en admettant que pour les corps transparents (diaphanes ou diathermanes), le pouvoir absorbant est complémentaire du pouvoir transparent et que pour les corps réflecteurs, il est complémentaire aussi du pouvoir réflecteur.

Alors un léger calcul suffit pour connaître le pouvoir absorbant d'un corps, dont on a l'un ou l'autre pouvoir.

Quant au pouvoir diffusif, je n'aurai pas à m'en occuper, car il n'est qu'une forme de la transparence dans les corps transparents, et une forme de la réflexion dans les corps réflecteurs.

La glace bien compacte et bien homogène est transparente ; réduite en poudre ou en neige, elle est diffusive, parce qu'alors les rayons qui la traversent de fragments à fragments sous toutes sortes d'angles prennent, en se réfractant, toutes sortes de directions.

L'argent poli est réflecteur, l'argent dépoli est diffusif, aussi à cause des angles sous lesquels le rayon calorique ou lumineux est reçu.

Le but de cette étude est de montrer que l'on peut arriver à toutes les valeurs indiquées par les expériences sur la chaleur et la lumière, en partant de cette hypothèse, que la lumière n'est qu'un certain degré de chaleur rayonnante, et que la chaleur rayonnante elle-même est due à un mouvement ondulatoire, non d'un éther hypothétique, mais des atômes vibrants qui constituent la matière, tandis que la chaleur proprement dite est due à une augmentation de fréquence de vibration de ces atômes.

La première condition à remplir pour comprendre cette théorie est de bien distinguer l'onde de la vibration. Dans les pages précédentes j'en ai donné des définitions que je crois nouvelles, et que je vais reproduire en peu de mots pour plus de clarté.

Tout mouvement dans lequel il y a *un aller et un retour strictement égaux est une vibration;* tout mouvement dans lequel *une des deux phases l'emporte sur l'autre, est un mouvement ondulatoire.* Exemples :

La cloche vibre ; l'air qui transmet le son ondule.

Le soleil vibre ; la matière intersidérale ondule.

Un conducteur chargé d'électricité statique vibre ; le fil conducteur d'une pile en circuit fermé ondule.

Le balancier d'une pendule vibre ; les billes d'ivoire de cet appareil très connu qui sert dans les cours à démontrer les lois du choc, ondulent.

Le piston d'une machine à vapeur vibre ; le train, si nous ne considérons que son mouvement de translation, ondule.

Les atômes des gaz résultant de la combustion de la poudre vibrent pendant le moment qui sépare l'inflammation de la poudre du départ des projectiles ; le boulet de canon ondule.

On le voit, ma définition de l'onde renferme le mouvement de translation lui-même, dont le caractère est d'avoir une de ses deux phases entièrement supprimée.

Il y a donc une grande différence entre la chaleur rayonnante et la chaleur d'un corps chaud, et cette différence, je crois, peut maintenant être comprise.

Ce qui va faire le but de cette étude, ce sera de montrer mathématiquement comment l'onde calorique peut devenir vibration calorique, et réciproquement.

Pour commencer, il est nécessaire de classer, de généraliser les résultats des expériences consignés dans les tables ci-dessus, c'est ce que je vais faire.

1° Si un corps, à une certaine température, possède différents pouvoirs absorbants pour des rayons issus de foyers diversement chauds, on pourra presque déduire le pouvoir absorbant de ce corps à toute température pour toute espèce de rayons caloriques, de l'écart qu'il y aura entre sa température et celle du foyer d'où partiront les rayons caloriques. Exemples :

Le verre qui a un pouvoir absorbant très faible pour les rayons solaires, beaucoup plus fort (61 %) pour les rayons incomparablement moins chauds de la lampe Locatelli, plus fort encore (76 %) pour les rayons du platine incandescent, enfin de plus en plus fort à mesure que la température du foyer s'abaisse (94 % pour le cuivre à 100 degrés) ; le verre, dis-je, qui semble avoir un pouvoir absorbant d'autant plus grand que l'écart entre sa température et celle du foyer est plus faible, devra, si on l'échauffe, c'est-à-dire si on rapproche sa température de celle du foyer, présenter une augmentation de pouvoir absorbant. Or, c'est ce qui a lieu, puisque le verre chauffé au rouge tend à devenir opaque. Bien entendu je ne parle pas de l'opacité résultant de la dévitrification. Je parle de cette opacité que prend, en fondant, le verre le plus limpide à froid, et qu'il perd quand il se refroidit de nouveau.

Autre exemple :

Le fer qui, comme tous les métaux, a un pouvoir absorbant plus faible pour les rayons issus de foyers plus chauds (voir table n° 3 et 4), c'est-à-dire plus faible dans les cas de petits écarts devra, si on le chauffe, présenter une diminution de pouvoir absorbant, contrairement à ce qui a eu lieu pour le verre.

C'est ce qui peut facilement être constaté, en chauffant le fer au rouge vif, car alors il devient assez transparent pour laisser voir les pailles ou soufflures qu'il renferme et évidemment son pouvoir absorbant décroît proportionnellement ;

2° La loi de l'écart paraît pouvoir s'appliquer aussi aux pouvoirs diathermanes et aux pouvoirs réflecteurs. C'est naturel, d'après ce que j'ai dit plus haut, que le pouvoir absorbant est complémentaire de ces deux autres pouvoirs. Exemple :

L'argent a un pouvoir réflecteur moins grand pour des rayons chauds que pour des rayons relativement froids *(Voir table n° 2)* ; aussi chauffez l'argent de façon à diminuer l'écart entre sa température et celle du foyer, et son pouvoir réflecteur augmentera *(Voir Daguin, page 90)*.

La céruse a un pouvoir diathermane très faible pour les rayons issus de foyers à basse température, puisqu'elle est mélanochroïque, c'est-à-dire ayant la propriété d'absorber complètement les rayons caloriques de basse température *(Voir table n° 3)*, elle a au contraire un pouvoir transparent très grand pour les rayons solaires puisqu'elle est blanche comme la neige, et que, évidemment, elle serait diaphane comme la glace si on pouvait l'avoir en blocs compacts, chauffez donc la céruse de façon à diminuer l'écart entre sa température et celle du foyer, et vous devrez diminuer sa blancheur qui correspond à son pouvoir transparent. C'est ce qui a lieu.

C'est ce qui a lieu aussi et pour la même raison pour l'acide stannique, en effet, une pièce de faïence à émail stannifère que l'on retire dn four reste jaune tant qu'elle n'est pas complètement refroidie.

De même aussi pour le carbonate de chaux, qui sous la forme spath d'Islande est transparent comme la glace et sous l'état amorphe en craie est blanc comme la neige, en un mot, qui est très diathermane pour les rayons élevés mais un peu absorbant pour les rayons issus de foyers moins chauds *(Voir table n° 1)*. Chauffez la craie et elle prendra une teinte grise qu'elle perdra en refroidissant.

L'oxide de zinc donne lieu aussi d'une façon très prononcée à ce phénomène de changement de teinte sous l'influence de l'échauffement.

Qu'il me soit permis de réclamer ici la priorité pour ces expériences qui sont d'une importance capitale dans le sujet qui nous occupe. Elles ont pour moi d'autant plus de prix qu'elles ont été déduites à priorité de ma théorie du calorique rayonnant.

Il n'est pas difficile de les reproduire, l'effet est très marqué pour chacune, surtout si l'on opère à la clarté d'une chandelle fumeuse.

3° Il semble qu'il en est du pouvoir émissif comme du pouvoir absorbant par rapport à l'écart des températures.

Ainsi, je viens de dire que le verre absorbe d'autant moins les rayons caloriques qu'ils sont issus de foyers plus chauds, de même son pouvoir émissif sera d'autant plus faible qu'il sera d'une température plus élevée par rapport à celle de l'enceinte vers laquelle il rayonnera.

En effet son pouvoir rayonnant diminue quand on le chauffe. *(Voir Daguin, page 80, tome 2.)*

Les métaux, au contraire, absorbent les rayons caloriques d'autant plus facilement qu'ils partent de foyers plus chauds ; leur pouvoir émissif doit donc aussi augmenter avec la grandeur de l'écart entre leur température et celle de l'enceinte vers laquelle ils rayonnent ; c'est bien ce qui a lieu d'après Daguin. *(Tome 2 page 26.)*

Cette parité d'action de l'écart des températures sur les pouvoirs absorbants et émissifs fait que dans certains cas l'échauffement paraît modifier d'une façon absolument inverse les deux pouvoirs. En effet supposons un corps placé entre deux autres corps, l'un chaud et l'autre froid, et recevant d'un côté le rayonnement du corps chaud tandis qu'il émet de l'autre côté des rayons caloriques vers le corps froid. Si nous échauffons ce corps intermédiaire il est évident que par la diminution de l'écart des températures nous augmenterons son pouvoir absorbant pour les rayons du corps chaud, si c'est, par exemple, du verre, de la céruse, du spath d'Islande, etc., et que nous le diminuerons si c'est un métal, tandis que sur l'autre face, par l'augmentation de l'écart des températures nous diminuerons son pouvoir émissif vers le corps froid, si c'est du verre, de la céruse, du spath d'Islande, et que nous l'augmenterons si c'est un métal. Ce phénomène est d'ailleurs fréquent et donne lieu à d'intéressantes modifications dans les pouvoirs transparents des corps, comme je vais le montrer plus bas.

4° Il semble que le pouvoir transparent d'un corps à une certaine température pour des rayons issus d'un foyer à une température T est proportionnel à la différence du pouvoir émissif qu'aurait ce corps si on le portait à la température T et qu'on le fit rayonner vers une enceinte à la température t, à laquelle il se trouve actuellement, avec son pouvoir émissif actuel à t vers une enceinte à la température du corps vers lequel il laisse passer les rayons caloriques ou lumineux, par exemple à la température de nos yeux si c'est avec cet organe que nous observons. Exemple :

Le verre aurait évidemment un pouvoir émissif relativement faible si on le chauffait à la température du soleil puisque d'après les expériences de la La Prévostaie et Desains sur le verre au borate de plomb, ce corps avait déjà perdu 1/4 de son pouvoir émissif étant chauffé de 100 à 500 degrés ; d'autre part, son pouvoir émissif qui a 100 degrés pour rayonner vers une enceinte à 15 degrés est de 94, serait d'environ 100, si l'on suit la progression, dans le cas où il n'aurait qu'une température très peu supérieure à celle de l'enceinte ; donc, le résultat de la soustraction sera à peu près 100, c'est-à-dire maximum, et c'est pour cela que le verre est si transparent au rayonnement du soleil.

Maintenant chauffez le verre, le premier pouvoir émissif, celui de la température T à la nouvelle température t augmentera par diminution de l'écart des températures, tandis que le second, celui de la température t à la température de l'enceinte où l'on observe diminuera par augmentation de cet écart, le résultat de la soustraction deviendra donc moindre, et le pouvoir transparent aussi, comme d'ailleurs chacun peut l'observer facilement en chauffant du verre jusqu'à fusion.

Il en sera de même si, sans changer la température du verre ni celle de l'enceinte on diminue la température du foyer, car alors, le premier pouvoir émissif augmentant, le résultat de la soustraction, qui indique le pouvoir transparent deviendra moindre. *(Voir table n° 1.)*

Autre exemple : Le fer porté à la température du soleil et rayonnant vers une enceinte à une température t, voisine de la température ordinaire aurait un grand pouvoir émissif *(Voir Daguin, tome II, page 126)*, au contraire, à une température t pour rayonner vers une enceinte à la température ordinaire, il en aurait un très faible (probablement 10 à peine si l'on calcule d'après son pouvoir absorbant, *voir table n°4)*, aussi le résultat de la soustraction, est-il plus que très petit, il est négatif ; le fer n'est pas du tout transparent à la température ordinaire, pour les rayons issus du soleil, il est réflecteur. Mais chauffez le fer, son premier pouvoir émissif diminuera par diminution de l'écart des températures puisque pour les métaux cet écart paraît augmenter le pouvoir

émissif, et le second croîtra au contraire par augmentation
d'écart, donc la soustraction deviendra possible, et c'est ce
qui fait que le fer chauffé à blanc commence à devenir un
peu transparent.

5° Le pouvoir conducteur de la chaleur, ou propriété
des corps d'entrer en vibration sous l'influence de l'onde
calorique paraît être le contraire en tout du pouvoir transparent. Au lieu d'être proportionnel à la différence des
pouvoirs émissifs calculés comme je viens de dire, il semble
proportionnel au pouvoir réflecteur de la partie la plus
froide divisé par le pouvoir émissif de la partie la plus
chaude. C'est rationnel, on le comprend, c'est à peu près
comme si l'on disait que la valeur de la résistance d'une
cuirasse sera proportionnelle à la ténacité de la cuirasse
divisée par la vitesse de la balle. Exemple :

Le pouvoir réflecteur de l'argent à la température ordinaire pour des rayons issus d'un foyer à une température de
400 degrés environ peut probablement être exprimé par
98.5, du moins si l'on suit la progression indiquée par la
table numéro 2 ; d'autre part, son pouvoir émissif à 400 degrés vers une enceinte à la température ordinaire serait
probablement 1 1/2, d'après le même calcul; divisons donc
98 1/2 par 1 1/2 et nous aurons environ 65 1/2 pour exprimer
la conductibilité calorique de l'argent. Le platine, dans ces
conditions, a un pouvoir réflecteur de 90 et un pouvoir émissif
de 10, ce qui donne 9 pour exprimer son pouvoir conducteur,
or le rapport de 65 1/2 à 9 est bien celui de la conductibilité
de l'argent à celle du platine.

6° Le pouvoir conducteur électrique paraît suivre le pouvoir conducteur de la chaleur, ainsi qu'on l'a observé depuis
longtemps. C'est vrai, et j'espère le démontrer d'une façon
péremptoire quand je reprendrai l'étude de la véritable nature de l'onde calorique et de l'onde électrique, mais ce qui
est singulier, c'est que l'on ait vu là une similitude dans les

propriétés des corps par rapport à la chaleur et à l'électricité, tandis que c'est exactement le contraire.

En effet, le pouvoir conducteur de la chaleur est le pouvoir d'établissement de la vibration calorique, ce qui est diamétralement le contraire de la transparence à l'onde calorique, tandis que le pouvoir conducteur électrique est le pouvoir transparent à l'onde électrique.

Exemple : Le verre, qui perd de la transparence quand on le chauffe au rouge, gagne alors du pouvoir conducteur électrique , d'après Jablochkof. Et les poteries de grès de Picardie très ferrugineuses, qui prennent une transparence passagère à la chaleur blanche, m'ont toujours paru, dans des expériences faites avec grand soin, perdre au contraire de la conductibilité sous l'influence de l'échauffement.

Le fer qui, au rouge vif tend à devenir transparent, est presque, de tous les métaux, celui qui perd le plus de conductibilité par l'échauffement. (*Voir note D.*) Et la fonte, au contraire, dont la conductibilité varie peu avec la température, ne m'a paru prendre aucune transparence , même chauffée jusqu'à fusion et pour les rayons d'un soleil de juin.

Le soufre, à la lueur d'une chandelle fumeuse, paraît tout à fait blanc, ce qui indique qu'il est plus transparent dans le cas d'un petit écart de température que dans le cas d'un grand écart. Chauffez donc le soufre et vous devrez augmenter sa transparence en même temps que vous *diminuerez sa conductibilité électrique.*

C'est ce qui a lieu et ce qu'il est très facile de constater.

On chauffe le soufre à 50 ou 60 degrés, on l'électrise par frottement, et alors on voit qu'il soutient les corps légers bien plus longtemps que quand il est froid. Mais vers 300 degrés il devient très brun, et par conséquent plus absorbant, moins transparent, plus conducteur de l'électricité, et comme en refroidissant il conserve quelque temps temps sa couleur brune, il conserve ausssi son augmentation de conductibilité.

La gomme laque, au contraire, est plus absorbante quand

l'écart de température est faible *(voir table n° 3); ;* chauffez donc la gomme laque et vous verrez facilement, par la peine que vous aurez à l'électriser, combien elle gagne de conductibilité.

La dissolution de sel marin a un pouvoir diathermane égal pour tout rayon calorique, en dedans de certaines limites, aussi sa conductabilité varie-t-elle fort peu entre zéro et 100 degrés.

Au contraire, la dissolution de sulfate de cuivre est bien plus absorbante dans les cas de petits écarts de température ; c'est même ce qui fait qu'elle paraît verte à la lumière d'une chandelle et bleue à la lumière du jour, aussi chauffez-la et vous devrez augmenter sa conductibilité.

C'est ce qui est vrai et très connu.

J'arrête là mes exemples ; l'examen des tables placées en tête de ce chapitre et dans la note D en fournira un grand nombre si on veut se donner la peine de faire les calculs.

Maintenant, j'ai hâte de dire qu'en faisant connaître toutes les relations qui précèdent, je n'ai eu aucunement la prétention de donner des lois nouvelles et mathématiques.

J'ai seulement voulu appeler l'attention sur certains faits et les réunir par groupes pour servir à l'exposé de ma théorie qui va suivre.

Au lieu de ce cahos informe de phénomènes classés avec toute la méthode cependant, que comporte l'observation, quand elle n'est aidée d'aucune théorie, on verra des formules mathématiques donnant toutes les lois, je ne crains pas de le dire, des cas les plus divers qui aient été observés.

Ainsi, l'on doit être étonné de voir la façon absolument contraire dont l'écart des températures paraît agir sur les différents corps : augmentant le pouvoir absorbant des uns et diminuant celui des autres. Où est la loi générale ?

Cette loi comme les autres se trouvera facilement au cours de mes analyses mathématiques faites d'après les données que nous fournit la théorie de la matière en mouvement.

CHAPITRE V

NOUVELLES FORMULES DU CHOC ENTRE CORPS ÉLASTIQUES ET FORMULES MATHÉMATIQUES DES PHÉNOMÈNES CALORIQUES

Tout le monde admet maintenant que les phénomènes lumineux et de calorique rayonnant sont dus à la transmission d'excès de vitesse calorique des corps plus chauds aux corps moins chauds.

Mettons-nous donc au cœur de la question et étudions comment un excès de vitesse peut se transmettre.

Je commence par un exemple.

Un atôme du poids d'un millionième de milligramme vient avec une vitesse de 80,000 lieues à la seconde, à la rencontre d'un autre atôme du poids de deux millionièmes de milligrammes, qui s'avance avec une vitesse de 39,000 lieues.

D'après la théorie de la vibration atomique, que j'ai exposée chapitre Ier, il nous faut voir, dans ce cas, deux corps qui normalement vibreraient en équilibre, c'est à-dire de telle façon que, après le choc, chaque atôme reviendrait sur ses pas avec une vitesse strictement égale à celle qu'il avait pour marcher en avant, mais qui dans le cas présent se heurtent au contraire avec des quantités de mouvement inégales.

En effet, le premier atôme qui est deux fois plus léger que le deuxième devrait avoir seulement deux fois plus de vitesse, soit une vitesse de 78,000 lieues à la seconde. Mais il a une vitesse de 80,000 lieues c'est donc 2,000 lieues de trop, et ces 2,000 lieues constituent un *excès de vitesse.*

C'est la transmission de ces 2,000 lieues que je vais étudier car ils sont dans mon exemple, l'analogue de ce qu'est dans les phénomènes caloriques, l'excès de chaleur.

Je vais faire connaître des formules nouvelles indiquant les vitesses après le choc de deux corps élastiques dont l'un seul en mouvement serait venu heurter l'autre en repos ; et comme j'ai démontré chapitre Ier, que la vibration atomique pouvait être assimilée à l'état de repos, je pourrai momentanément faire abstraction des vitesses vibratoires de mes deux atômes, c'est-à-dire des 78,000 lieues de l'un et des 39,000 lieues de l'autre, et étudier la transmission des 2,000 lieues constituant l'excès de vitesse, à l'aide des formules suivantes :

Fesons δ = l'excès de vitesse d'un des deux corps.

$\qquad$ M = la masse de ce corps.

$\qquad$ M' = la masse de l'autre corps.

$\qquad$ x = la part de δ que conservera M après le choc.

$\qquad$ y = la part que M' en prendra.

Nous aurons :

$$x = \delta \ \frac{M - M'}{M + M'}$$

$$y = 2 \delta \ \frac{M}{M + M'}$$

Bien entendu x et y s'additionneront selon la règle des signes avec les vitesses vibratoires v et v' de M et M'.

Reprenons l'exemple ci-dessus :

δ sera l'excès de vitesse du premier atôme = 2,000 lieues.

M sera la masse de cet atôme = 1 millionième de milligr.

M' sera la masse de l'autre atôme = 2 millionièmes de milligramme.

Alors mes formules donneront $x = -$ 666,^{lieues} 6666....

$$y = + 1333,^{\text{lieues}} 3333....$$

Maintenant si nous voulons avoir la vitesse totale de M après le choc nous additionnerons sa vitesse vibratoire v avec x soit — 78000 lieues (puisqu'à ce moment la vitesse v a changé de signe) avec — 666,^{lieues} 666...., et nous trouverons — 78666,^{lieues} 6666....

De même pour la vitesse totale de M' nous trouverons + 1333,^{lieues} 3333.... + 39000 lieues; total 40333,^{lieues} 333....

Ces résultats sont bien les mêmes que ceux fournis par les formules ordinairement en usage.

Je ne m'arrêterai pas d'ailleurs à donner la démonstration mathématique de mes nouvelles formules du choc, auxquelles j'ai été conduit par des théories sur la matière trop peu connues encore pour être comprises. Que l'on se contente donc d'en vérifier expérimentalement l'exactitude. Et commençons-en la discussion immédiatement.

1° Pour M = M' l'excès δ passera en entier à M' sans changer de signe puisque l'on aura :

$$x = \delta \; \frac{0}{2} \; \text{c'est-à-dire } 0$$

$$\text{Et } y = 2\,\delta \; \frac{1}{2} \; \text{c'est-à-dire } \delta$$

2° Pour M' = 2 M, M gardera 1/3 δ ayant changé de signe, et M' prendra 2/3 δ conservant le signe positif, en effet

$$x = -\, \delta \; \frac{1}{3}$$

$$y = +\, 2\,\delta \; \frac{1}{3}$$

3° Pour M' trois fois plus grand que M, l'excès δ se partagera également entre M et M', changeant de signe pour M seulement, puisque les formules donneront

$$x = - \delta \; \frac{2}{4} = - \frac{1}{2} \delta$$

$$y = + 2 \delta \; \frac{1}{4} = + \frac{1}{2} \delta$$

4° Pour M' cinq fois plus grand que M, M' prendra 1/3 δ et M reviendra sur ses pas avec 2/3 δ. En effet, les formules donnent

$$x = - \delta \; \frac{4}{6} = - \frac{2}{3} \delta$$

$$y = + 2 \delta \; \frac{1}{6} = + \frac{1}{3} \delta$$

5° Pour M' infiniment plus grand que M on aurait

$$x = - \delta$$
$$y = 0$$

Ainsi pour M' > M une certaine proportion de l'excès de vitesse tendra à changer de signe pour revenir avec M, et cette proportion qui commencera à zéro pour M' = M tendra vers l'unité pour M' infiniment plus grand que M.

Il y aurait maintenant encore à analyser les cas de M > M', mais comme ces cas donnent lieu à une série de phénomènes optiques et caloriques suivant une marche absolument opposée à celle des phénomènes dus à M' > M, j'en remets l'étude à plus tard. Sauf cependant pour un seul cas dont j'ai besoin en ce moment, comme on ne tardera pas à le voir.

Prenons encore pour exemple deux atômes, l'un du poids de 800 millionièmes de milligramme avec une vitesse vibratoire de 100 lieues à la seconde, l'autre du poids de un millionième de milligramme, avec une vitesse vibratoire de 80000 lieues à la seconde, et ajoutons à la vitesse du premier un excès de 20000 lieues, ce qui portera sa vitesse totale à 20100 lieues à la seconde.

Pour trouver à l'aide de mes formules ce que devient l'excès 20000 lieues apres le choc, faisons

M = le 1er atôme = 800 millionièmes de milligramme.

M' = le 2e atôme = 1 millionième de milligramme.

δ = l'excès de vitesse du 1er atôme = 20000 lieues.

x = la part de δ conservée par M après le choc.

y = la part prise par M'.

Et nous aurons:

$$x = \delta \ \frac{M - M'}{M + M'} = + 19950,^{\text{lieues}} 06242....$$

$$\text{Et } y = 2 \ \delta \ \frac{M}{M + M'} = + 39950,^{\text{lieues}} 06242....$$

Mais à ce moment la vitesse vibratoire du premier atôme est — 100 lieues, ce qui met sa vitesse totale à + 19850,^{lieues} 06242...., et la vitesse vibratoire du deuxième atôme est + 80000 lieues, ce qui met sa vitesse totale à + 119950,^{lieues} 06242....

Et, ainsi, les atômes M et M' ont tous deux une vitesse positive après le choc.

Supposons donc que M soit un atôme du soleil et M' un atôme de la matière intersidérale ; l'atôme du soleil après avoir heurté un premier atôme de la matière intersidérale en heurtera un deuxième puisque sa vitesse sera *encore positive*, puis un troisième, un quatrième, un cinquième, etc., jusqu'à ce qu'il ne lui reste plus d'excès de vitesse ; alors il arrivera sur un dernier atôme qu'il heurtera dans des conditions d'équilibre vibratoire normal, c'est-à-dire, dans le cas ci-dessus, avec une vitesse de 100 lieues seulement.

Ainsi, *un ensemble d'atômes, qui pour un grand excès de vitesse tend à devenir égal à la masse de l'atôme du corps chaud, viendra heurter le corps soumis au rayonnement ;* et c'est du rapport entre la masse de cet ensemble d'atômes et la masse des atômes heurtés dans le corps soumis au rayonnement que vont dépendre les proportions des différents phénomènes caloriques : transparence, absorption, réflexion, couleurs optiques et thermiques, etc.

En effet supposons :

1° La masse de l'ensemble d'atômes en question, égale à celle de l'atôme qui sera heurté, soit $M' = M$, l'excès de vitesse sera intégralement transmis à cet atôme, il *passera à travers le corps soumis au rayonnement*, ce sera la transparence parfaite.

2° Supposons cette masse deux fois plus faible : soit $M' = 2 M$, l'onde calorique rebroussera chemin avec 1/3 de l'excès de vitesse ayant changé de signe tandis que les autres 2/3 seront transmis aux atômes du corps soumis au rayonnement.

Mais alors, *le tiers rebroussant chemin se mettra en équilibre vibratoire avec une égale quantité de vitesse prise sur les deux tiers transmis à M' et ayant le signe positif; de sorte qu'il s'établira un état vibratoire des deux tiers de la valeur de l'onde calorique, tandis que l'autre tiers traversera de part en part le corps soumis au rayonnement.*

Telle est la théorie mécanique du phénomène *dit d'absorption,* c'est-à-dire du phénomène *d'échauffement* d'un corps par *transformation de mouvement ondulatoire en mouvement vibratoire en excès.*

3° Supposons la masse de l'onde calorique trois fois plus faible que celle de la parcelle heurtée soit $M' = 3 M$; elle rebroussera chemin avec la moitié de l'excès de vitesse et l'autre moitié sera transmise aux atômes du corps soumis au rayonnement. Alors ces deux parties égales se mettront en équilibre vibratoire ; *la totalité de l'onde calorique sera transformée en chaleur vibrante* (1).

---

(1) Si j'osais admettre la divisibilité de l'atôme, je pousserais plus loin mon analyse de l'*absorption.* Voici de quelle manière :

4° Supposons la masse de l'onde calorique cinq fois plus faible que celle des atômes heurtés, soit M' $=$ 5 M; cette onde rebroussera chemin avec 2/3 de l'excès de vitesse, et l'autre tiers sera transmis au corps soumis au rayonnement.

Alors, nous verrons apparaître *le phénomène de la réflexion qui sera accompagné de plus ou moins d'absorption,*

En effet, le tiers transmis se mettra en équilibre vibratoire avec un des 2/3 rebroussant chemin, et 1/3 seulement de l'onde calorique semblera rebondir à la surface du corps soumis au rayonnement, tandis que le reste sera absorbé.

5° Enfin, pour M' infiniment $>$ M, la totalité du rayonnement serait réfléchie, on le comprend aisément, et l'absorption serait nulle.

Ces exemple suffiront, je crois, pour donner la théorie de tous les cas intermédiaires.

D'ailleurs, la formule du phénomène est facile à établir.

La somme algébrique de x et de y dans le cas de M' $>$ M donnera toujours la valeur du mouvement ondulatoire, qui continuera à marcher : en avant, c'est-à-dire par transpa-

---

Soit M $= \frac{M'}{3}$; si au moment du choc M' se partage en deux fragments: un premier égal à M, et un deuxième égal à 2 M, le premier fragment rebondira avec $\frac{1}{6}$ δ, et le deuxième partira en avant avec $\frac{2}{6}$ δ. Car il n'y a aucune raison de penser qu'entre le premier fragment, et le deuxième deux fois plus lourd que le premier, le partage de l'excès de vitesse qui dans ce cas est $\frac{1}{2}$ δ se fasse autrement que d'après mes formules ordinaires.

D'autre part, M avait rebondi avec $\frac{1}{2}$ δ, de sorte que nous avons avec le signe négatif :

$$M \frac{1}{2} \delta \text{ et M (1er fragment) } \frac{1}{6} \delta$$

et avec le signe positif :

$$2 M \text{ (2e fragment) } \frac{2}{6} \delta$$

Les valeurs négatives et les valeurs positives sont donc rigoureuse-

*rence, si cette somme a le signe +; en arrière, c'est-à-dire
par réflexion si elle a le signe —. Et la différence de cette
valeur à δ nous donnera la proportion de l'absorption.*

Il est facile, maintenant, de se rendre compte de l'effet
produit par l'écart des températures sur le phénomène de
l'absorption. En effet nous avons vu que le corps chaud sé
paré du corps vers lequel il rayonne par les atômes légers de
l'air ou de la matière intersidérale, communiquait d'abord
son mouvement ondulatoire à un ensemble de ces atômes. Or,
pour que l'atôme du corps chaud atteigne un deuxième, un
troisième, un quatrième, etc.., atôme léger, il faut que sa
vitesse soit positive après le choc, et comme à ce moment
sa vitesse vibratoire a le signe négatif, la somme de cette
vitesse et de l'excès de vitesse augmentera, évidemment,
avec l'écart des températures. Ainsi *l'excès de vitesse de
l'atôme du corps chaud augmentera la masse de l'onde calorique* et quand cette onde viendra heurter le corps soumis au rayonnement, *l'absorption augmentera avec l'augmentation de l'écart des températures si la masse des atômes*

---

ment égales, il y a équilibre vibratoire, *absoption* totale, comme ma formule de l'absorption donnée plus haut l'avait déjà indiquée.

Si maintenant M' s'était fractionné en trois parties, chacune égale à
M ; comme le deuxième fragment ne se serait formé évidemment qu'après
le premier, le choc n'aurait pas pu être considéré comme se passant
entre M et un atôme trois fois plus lourd que M. L'analyse de ce cas
devient alors assez compliquée, aussi je ferai tout de suite connaître le
résultat vers lequel d'ailleurs j'ai été guidé par l'expérience :

$$\text{M rebondit avec } \frac{1}{3} \, \delta$$

$$\text{le premier fragment rebondit avec } \frac{1}{9} \, \delta$$

le deuxième fragment reste immobile ;

$$\text{le troisième fragment part en avant avec } \frac{4}{9} \, \delta$$

et l'on a encore égalité entre les valeurs négatives et les valeurs positives.

Voici avec quel appareil j'ai expérimenté ces lois :

heurtés est moins que trois fois plus forte que celle de cette onde (voir les exemples ci-dessus), et diminuera, au contraire, si elle est plus que trois fois plus forte. Et l'absorption dans le premier cas *sera complémentaire de la transparence,* puis dans le deuxième cas, *complémentaire de la réflexion.* C'est pour cela que l'écart des températures diminue le pouvoir absorbant du verre de la craie, de la céruse, des étoffes, etc., et augmente, au contraire, celui des métaux.

Mais en ce moment il devient nécessaire de s'occuper au plus tôt de la masse heurtée par l'onde calorique. Est-ce le poids de l'atôme du corps soumis au rayonnement? Non, évidemment, car c'est contraire à l'observation. La vapeur de mercure ne se comporte pas à l'égard du calorique rayonnant comme le mercure liquide, bien que les atômes soient les mêmes. Evidemment la masse atomique a une grande importance, je crois-même que dans les gaz c'est toujours elle qui vibre, et que dans les corps solides et les liquides, elle vibre aussi isolement toutes les fois qu'il y a équilibre des températures, mais quand cet équilibre est

----

J'ai remplacé dans l'appareil à billes d'ivoire, dont j'ai déjà parlé, toutes les billes sauf une, par autant de cubes du même poids.

Pour expérimenter, je collai ces cubes l'un contre l'autre avec de l'eau pure, et je donnai le choc avec la bille d'ivoire conservée.

Il m'a semblé qu'il y avait plusieurs solutions au problème, selon la façon dont la segmentation s'opérait, mais que toujours et pour toute espèce d'excès de M' sur M, le rapport des valeurs négatives aux valeurs positives était le même que celui indiqué par ma formule de l'absorption.

Si l'on admettait l'hypothèse de la segmentation de l'atôme, on aurait facilement, comme on le verra plus loin, l'explication de la transparence de la vapeur de mercure, de la diminution de transparence du verre fondu, des variations du pouvoir emissif dans les corps chauds, de la conductibilité calorique, enfin et surtout de la *production des courants thermo-électriques,* et de la décomposition des corps par le rayonnement lumineux ou calorique.

rompu, dans les cas où un excès de vitesse, c'est-à-dire de chaleur est reçu ou rayonné, je crois qu'une masse de plus d'un atôme peut entrer en jeu, et cela en raison inverse d'un élément important : l'écart vibratoire atomique. On comprend en effet que si cet écart était infiniment petit par rapport au diamètre de l'atôme c'est la masse toute entière du corps soumis au rayonnement qui serait heurtée par l'onde calorique ; et alors comme la masse de l'onde calorique se trouverait presque infiniment petite, par rapport à la masse entière de ce corps, la réflexion serait absolue.

Prochainement, je reprendrai la théorie de la cohésion que j'ai déjà exposée succintement chapitre II, et je montrerai que l'écart vibratoire atomique de l'argent est le plus faible de tous, quoique très appréciable encore.

CHAPITRE VI

SUITE DE L'ÉTABLISSEMENT DES FORMULES MATHÉMATIQUES
DES PHÉNOMÈNES CALORIQUES

Nous allons maintenant nous occuper des divers cas où la masse ayant l'excès de vitesse, l'emporte sur la masse heurtée, les cas de $M > M'$.

Pour faciliter l'étude, je vais reproduire mes formules ordinaires :

$$x = \delta \; \frac{M - M'}{M + M'}$$

$$y = \delta \; \frac{M}{M + M'}$$

δ est l'excès de vitesse d'un des deux corps.

M est la masse de ce corps.

M' est la masse de l'autre corps.

x est la vitesse du premier corps après le choc.

y est la vitesse de l'autre corps (1).

---

(1) Il est important de remarquer ici que la soustraction algébrique $y - x$ donne toujours δ pour résultat.

Prenons pour exemple $M = 1$, $M' = 2$, on aura $y = + \frac{2}{3}\delta$, $x = - \frac{1}{3}\delta$, et si l'on soustrait $-\frac{1}{3}\delta$ de $+\frac{2}{3}\delta$ selon les règles de la soustraction algébrique, on a bien $+\delta$ pour résultat. Soit maintenant $M = 2$, $M' = 1$, on aura $y = +\frac{4}{3}\delta$, et $x = +\frac{1}{3}\delta$, et si l'on soustrait $+\frac{1}{3}\delta$ de $+\frac{4}{3}\delta$, il reste bien encore $+\delta$.

N'oublions pas que x et y doivent s'additionner suivant la règle des signes avec les vitesses vibratoires v et v' de M et M'.

Je vais essayer la discussion de ces formules et d'abord je vais faire remarquer que l'on peut partager les cas de de M $>$ M' en deux grandes séries.

1° Les cas où l'on a $x < v$ ou $= v$;

2° Les cas où l'on a $x > v$.

En effet, x dans les cas de M $>$ M' aura toujours le signe positif, si donc nous l'additionnons avec v qui, à ce moment, après le choc, a le signe négatif, nous aurons pour la vitesse totale de M après le choc, une valeur *négative* comme d'ordinaire, (ou nulle tout au plus), si x n'est pas plus grand que v, et *une valeur positive si x est plus grand que v.*

Mais dans ce dernier cas, M continuera de marcher en avant après le choc; il viendra donc heurter un autre atôme placé derrière M', puis peut-être encore un autre et un autre, etc., et évidemment ce sera comme si du premier coup il avait heurté une masse plus grande; du moins il y aura quelque ressemblance, et on comprend qu'il devra en résulter toute une série de phénomènes, différents des cas où l'on a $x < v$ ou $= v$.

Commençons donc l'étude des phénomènes dus à M $>$ M' par la série de cas où l'on a $x < v$ ou $= v$, et prenons pour exemple :

$$M = 3\,M'$$
$$\delta = 2\,v$$

Après le choc, on aura d'après mes formules :

$$x = \delta\;\frac{M - M'}{M + M'} = \delta\frac{3 - 1}{4} = \frac{1}{2}\,\delta$$

D'autre part la vitesse vibratoire de M sera alors $- v$, soit d'après les données $- 1/2\,\delta$, et la somme algébrique de ces deux vitesses donne zéro.

Mais alors c'est M' qui va être en mouvement ondulatoire ou si l'on veut, porteur d'excès de vitesse, vis-à-vis de M, quand après avoir heurté l'atôme qui le suit immédiatement, et lui avoir communiqué son excès de vitesse, il reviendra avec sa vitesse vibratoire v' qui d'après les données est égale à $3\,v$ puisque nous avons $M = 3\,M'$, et qu'il trouvera M immobile.

Il en résultera donc comme un mouvement d'ondes, allant de M' vers M, et ayant pour valeur $3\,v$ ou $\frac{3}{2}\delta$.

Ce mouvement rétrograde ou de signe — formera un système vibratoire avec la vitesse ondulatoire positive de M' après le choc, qui, d'après mes formules est égale à $2\,\delta\,\frac{M}{M+M'}$ soit d'après les données à $\frac{3}{2}\delta$, et il y aura absoption complète du mouvement ondulatoire.

Ainsi l'absorption du mouvement ondulatoire, sa transformation complète en mouvement vibratoire aura lieu aussi bien pour $M = 3\,M'$ que pour $M' = 3\,M$.

On verra tout-à-l'heure quand je donnerai la formule de cette absorption que quelque soit la valeur δ, il y aura toujours absorption complète de l'onde dans les cas de $M = 3\,M'$, mais je vais tout de suite en donner un exemple :

Soit donc $\delta = v$ (au lieu de $\delta = 2\,v$), et soit comme auparavant $M = 3\,M'$, d'où $v' = 3\,\delta$.

On aura après le choc $x = \delta\,\dfrac{M - M'}{M + M'} = \delta\,\dfrac{3-1}{4} = \dfrac{1}{2}\delta = \dfrac{1}{2}\,v$ et la vitesse de M à ce moment sera $-\,v$, de sorte que la somme algébrique des deux vitesses sera $-\,1/2\,v$.

D'autre part, le mouvement rétrograde de M' représentant la fraction de v' à laquelle $1/2\,v$ fesait équilibre avant sa suppression, sera $-\,1/2\,v'$, soit d'après les données $-\,\frac{3}{2}\delta$, qui fera encore un système vibratoire avec la vitesse ondulatoire positive de M' égale à $+\,\frac{3}{2}\,\delta$.

Pour d'autres rapports de M à M' les phénomènes d'absorption seront différents. L'absorption diminuera pour M moins que trois fois plus grand que M' et aussi pour M plus que trois fois plus grand que M'.

Du reste, je vais établir ma formule générale.

D'abord, nous remarquerons que toute diminution de vitesse vibratoire de M après le choc, doit rendre libre, si je puis m'exprimer ainsi, une égale proportion de vitesse vibratoire de M'.

Or, la diminution de vitesse vibratoire de M après le choc est évidemment égale à x, soit à $\delta \dfrac{M - M'}{M + M'}$ et la fraction correspondante de v' sera $\delta \dfrac{M - M'}{M + M'} \times M$ puisque $\dfrac{v}{v'} = \dfrac{M'}{M}$.

L'onde rebroussant chemin qui tire son origine d'une fraction de v' rendue libre par la suppression d'une fraction correspondante de v sera donc $\delta \dfrac{M - M'}{M + M'} \times M$, ou plus simplement $\delta \dfrac{M^2 - M M'}{M + M'}$ et c'est cette dernière valeur qui fera équilibre vibratoire à une quantité correspondante de la vitesse y.

Par conséquent la proportion de vitesse ondulatoire définitivement transmise sera $2\delta \dfrac{M}{M + M'} - \delta \dfrac{M^2 - M M'}{M + M'}$ tandis que l'absorption correspondra à la différence de cette valeur à δ.

Je ferai d'abord remarquer que avec $M = 3 M'$ dans ces formules on a zéro pour la valeur du mouvement ondulatoire transmis. Il y a donc bien alors absorption totale comme je l'ai indiqué plus haut.

Avec $M = 2 M'$, la vitesse ondulatoire transmise à M' serait $\dfrac{2}{3} \delta$ et avec $M = \dfrac{3}{2} M'$ elle serait $\dfrac{0}{10} \delta$, etc., etc.

Il est d'ailleurs évident qu'avec M très peu plus grand que M', la proportion de vitesse transmise irait en augmentant et que l'absorption, par conséquent, tendrait vers 0, limite qui serait le cas de $M = M'$.

D'autre part, fesons M plus que trois fois plus grand que M', par exemple $M = 4 M'$. La valeur de la vitesse rétrograde de M' sera $\dfrac{12}{5} \delta$, c'est-à-dire plus grande que sa vitesse ondulatoire positive $\frac{8}{5}\delta$; la différence des deux valeurs aura donc le signe négatif. Cependant il n'y aura pas réflexion. La vitesse ondulatoire prendra bien en effet le signe négatif et sera égale à $-\frac{4}{5}\delta$, mais au bout de sa marche rétrograde ayant heurté M, quatre fois plus grand que M', elle rebondira en avant en donnant lieu encore à une certaine absorption selon les lois indiquées au chapitre V, page 59, et *se retrouvera finalement avec le signe positif*.

La formule de cette vitesse finale ondulatoire s'établit facilement à l'aide des explications données chapitre V, page 59, et ci-dessus ; c'est :

$$2\left(2\delta\frac{M}{M+M'}-\delta\frac{M^{2}-MM'}{M+M'}\right)\frac{M'}{M'+M}-\left(2\delta\frac{M}{M+M'}-\delta\frac{M^{2}-MM'}{M+M'}\right)\frac{M'-M}{M'+M}$$

et dans le cas de $M = 4\,M'$, elle donne $\frac{4}{25}\delta$.

Je vais maintenant montrer quelques cas d'application de ces lois dans des phénomèmes connus.

Le verre, d'après ma théorie, est composé d'atômes ou parcelles vibrantes plus légères que le platine, puisque pour une même onde calorique, l'onde solaire, le premier est très transparent, et le deuxième, réflecteur. Or, mettons un morceau de verre en contact avec du platine incandescent, il se trouvera dans de tout autres conditions que quand il est heurté par une onde calorique formée dans l'air, puisque dans l'air, comme je viens de le dire, il est aussi égal que possible comme masse à l'onde calorique, tandis qu'ici il va évidemment être inférieur en masse au platine.

Il présentera donc le cas de $M > M'$ et il devra s'échauffer considérablement par le phénomène d'absorption que j'ai décrit plus haut.

Ainsi s'expliquera ce phénomène : que dans l'air, à une certaine distance du platine incandescent, le verre sera presque complètement transparent, et que en contact il s'échauffera, au contraire, beaucoup. Ce qui ne peut être ex-

pliqué par la diminution de rayonnement calorique résultant
de la distance, puisque l'expérience pourrait se faire avec
une sphère creuse de verre, au centre de laquelle on place-
rait le platine.

Plus haut (chap. V), j'ai donné des lois d'après lesquelles
il semblerait que l'excès de température tendrait toujours à
augmenter le phénomène de la transparence. Cependant, il y
a des corps, entre autres l'iode dissout dans le sulfure de
carbone, qui sont plus transparents aux rayons caloriques
obscurs qu'aux rayons lumineux, par conséquent plus transparents dans les cas de peu d'excès de température.

Cela va s'expliquer très facilement avec les lois qui précèdent.

En effet, si l'iode est parfaitement transparent pour
certaine onde calorique obscure, c'est que sa parcelle
vibrante se trouve exactement alors en égalité de masse avec
l'onde calorique ; mais, si par l'augmentation de masse de
cette onde résultant d'un excès de température, la masse de
la parcelle de l'iode se trouve devenue inférieure à celle de
l'onde calorique, on devra voir apparaître le phénomène
d'absorption résultant de $M > M'$ que je viens de décrire.

Le verre chauffé perd de sa transparence ; rien de plus
facile encore que d'expliquer ce phénomène.

Le verre est parfaitement transparent au rayonnement
solaire ; par conséquent il est dans le cas d'égalité de masse
avec l'onde solaire, mais chauffez le verre et vous diminuerez
sa cohésion, vous augmenterez son écart vibratoire atomique, en un mot, vous diminuerez la masse de sa parcelle
vibrante *(voir note de la page 58)*, et alors vous verrez apparaître le phénomène de l'absorption par $M > M'$.

Avant d'arriver aux cas de $x > v$, tels que M après le choc
ayant encore une vitesse positive, vienne heurter de nouveaux atômes, je vais étudier une série intermédiaire, celle
où x est plus grand que v, et par conséquent, où M, a bien
après le choc, une vitesse positive, mais où cette vitesse est

trop faible cependant pour que M puisse atteindre de nouveaux atômes ; en un mot, les cas de x moins que deux fois plus grand que v.

Ici, et pour la première fois, nous allons voir intervenir l'influence du rapport de δ à v sur l'absorption.

Voici comment :

La vitesse positive $x - v$ que M peut prendre après le choc croit évidemment avec δ puisque $x = \delta \dfrac{M - M'}{M + M'}$. D'autre part nous avons vu que dans tous les cas de M moins que trois fois plus grand que M', il y avait une certaine absorption croissant avec M et produite par une vitesse rétrograde de M' correspondant à la diminution de vitesse vibratoire de M ; mais la vitesse *positive* $x - v$, résultant de l'augmentation de δ va diminuer cette vitesse rétrograde, par conséquent l'augmentation de δ diminuera l'absorption.

Mais ce n'est pas fini. Nous avons vu, chapitre V, page 57, que l'augmentation de δ entraînait toujours celle de M dans l'onde calorique ; et dans le cas ci-dessus, l'augmentation de M augmente l'absorption. Nous allons donc avoir deux augmentations parallèles, réagissant d'une façon inverse sur l'absorption ; leur résultat sera nul. Nul, ne l'oublions pas, pendant la durée seulement d'une phase qui prendra fin pour x plus que deux fois plus grand que v.

Voici quelques exemples :

Le sel gemme absorbe 10 % et transmet 90 % de tout rayon calorique, que ces rayons partent d'ailleurs du soleil ou d'une plaque de cuivre à 100 degrés. Probablement le sel gemme est dans le cas de M très peu plus grand que M', avec la condition de x moins que deux fois plus grand que v.

Le noir de fumée absorbe totalement toute espèce de rayons caloriques, lumineux ou obscurs. Il est probablement dans le cas de $M = 3 M'$, toujours avec la condition de x moins que deux fois plus grand que v.

Je vais maintenant arriver à la série des cas de $M > M'$, avec la condition de x plus que deux fois plus grand que v.

Mais comme ces analyses commencent à devenir très fatiguantes, je ne donnerai qu'une théorie générale.

En effet, cette série de cas pourrait elle-même être décomposée en un nombre presque infini de sous-séries.

Je commence par supposer M passablement plus grand que M' et δ très grand.

L'excès de vitesse de M ne sera évidemment que très peu diminué après le choc, puisqu'il sera égal à $\delta \frac{M - M'}{M + M'}$. Comme δ est beaucoup plus grand que v, M continuera à marcher en avant, et, quand il heurtera un deuxième atôme, il lui communiquera une certaine vitesse comme au premier, ne perdant lui-même encore qu'une fraction très faible de δ.

Il arrivera pourtant un moment où, par la diminution de δ, diminution d'autant plus brusque que M est moins grand par rapport à M', on se trouvera dans le cas de x moins grand que $2\,v$ et même $< v$; et cela dans toutes sortes de conditions de masse, car il n'était pas nécessaire pour avoir $x > 2\,v$, que M fut beaucoup plus grand que M' ; l'inégalité $x > 2\,v$, pouvant très bien être obtenue avec très peu d'excès de M sur M' si δ est suffisamment grand.

Alors on verra apparaître des séries analogues à celles analysées quelques lignes plus haut, mais que je renonce à décrire.

Qu'il me suffise de dire que pour M, infiniment plus grand que M', l'excès δ tendrait à être transmis en totalité à un ensemble d'atômes dont le premier aurait 2δ et le dernier $\frac{1}{x}\delta$, et que l'absorption serait nulle parce que pour M très grand par rapport à M', la perte d'excès de vitesse de M après chaque choc est très petite, et qu'alors quand M vient heurter le dernier atôme de l'ensemble en question, il ne lui reste plus qu'une dernière fraction presque infiniment petite, qu'il perd pour se trouver tout de suite en équilibre vibratoire normal.

Cette analyse des transmissions de vitesse dans le cas de

$M > M'$, m'amène tout naturellement à l'étude du pouvoir émissif.

En effet, dans le cas d'un corps solide chaud, entouré d'un gaz plus ou moins raréfié, qu'avons-nous, si ce n'est un corps composé d'atômes M très pesants vibrant en excès contre les atômes très légers M' du gaz ambiant.

Je prends pour exemple une masse d'argent chaude placée au centre du vide d'une machine pneumatique.

La parcelle vibrante M de l'argent, métal le plus réflecteur de tous, sera évidemment très grande par rapport à celle de la parcelle M' du gaz très raréfié que l'on a coutume d'appeler le vide.

Pour commencer, je suppose δ assez petit pour que l'on ait x, c'est-à-dire $\delta \dfrac{M - M'}{M + M'} < v$.

Quand M' sera heurté par M il prendra (puisque nous sommes dans le cas de $x < v$ et de M plus que trois fois $>$ M'), il prendra dis-je *(voir page 67)* :

$$2 \left(2\,\delta\,\frac{M}{M+M'} - \delta\,\frac{M^2 - MM'}{M + M} \right) \frac{M'}{M'+M} - \left(2\,\delta\,\frac{M}{M+M'} - \delta\,\frac{M^2 - MM'}{M + M'} \right) \frac{M' - M}{M' + M}$$

c'est-à-dire à peu près zéro.

Et c'est ainsi que, d'accord avec ma théorie, l'argent *peu chaud*, n'a pour ainsi dire *pas de pouvoir émissif*, ne rayonne pas, ne communique pas de vitesse calorique à son milieu, surtout *quand ce milieu est ce que l'on appelle le vide* (1).

En même temps l'argent, d'après ma formule, pourra conserver indéfiniment toute sa chaleur, c'est-à-dire tout son excès de vitesse, puisque après le choc, il conservera $\delta \dfrac{M - M'}{M + M'}$, ce qui, pour M' très petit, donne presque la totalité de δ.

---

(1) La même explication serait applicable au cas d'un timbre vibrant sous une machine pneumatique.

Je le demande, y a-t-il un seul détail de ce cas d'observation qui échappe à ma formule.

Cependant, si petite que soit la valeur M', si on ne la suppose pas égale à zéro, la valeur $\delta \frac{M - M'}{M + M'}$ conservée par l'argent, après le choc, sera plus petite que δ, et la perte d'excès de vitesse sera évidemment $\delta - \delta \frac{M - M'}{M + M'}$, valeur qui croît avec δ par ce fait que j'ai déjà signalé et qu'il faut absolument admettre : que la parcelle vibrant en excès, c'est-à-dire M, d'un corps échauffé, tend à diminuer dans un certain rapport avec l'échauffement.

On peut évidemment supposer entre l'augmentation de δ et la diminution de M une relation telle que le refroidissement exprimé par $\delta - \delta \frac{M - M'}{M + M'}$ devienne proportionnel à δ, et c'est ce qui a fait émettre à Newton cette loi :

Que le refroidissement est proportionnel à l'excès de température. Mais Newton a eu tort d'en faire une loi générale et il a eu tort surtout d'omettre cette condition : *dans les cas de $x < v$, et de M > 3 M'.*

C'est ce qui fait que dans tous les cours de physique on lit cette phrase : La loi de Newton n'est vraie qu'en dedans de limites fort peu étendues. Et c'est ce que je vais démontrer.

Reprenons l'expérience de la masse d'argent chaud entourée de gaz très raréfié, et fesons δ très grand. On aura x beaucoup plus grand que v puisqu'il y aura pour cela l'action concourrante d'un grand excès de δ et d'un grand excès de M. La parcelle d'argent conservant donc une grande vitesse positive après le choc, viendra heurter un nouvel atôme, puis un autre, puis un autre, etc., jusqu'à ce qu'elle ait presque heurté ainsi un ensemble égal à sa masse propre.

Mais alors ce sera le cas de M $=$ M', le cas de la transparence parfaite, et l'argent va tendre à se refroidir instantanément, ce qui, on le voit, dépasse beaucoup la progression indiquée par Newton.

J'ai hâte d'arriver à la fin de ces pénibles analyses, aussi je me contenterai de signaler les résultats suivants qui ont trait au pouvoir émissif : à savoir que dans les cas de $M > M'$, les variations de masses agissant d'une façon totalement différente suivant que l'on se trouvera avec $x < v$ ou $= v$, ou avec $x > v$, mais $< 2v$, ou avec $x > 2v$, ce qui, d'autre part, dépend et du rapport des masses et de l'excès δ ; les variations de masses, dis-je, donneront lieu à des séries d'accroissement ou de décroissement, d'arrêt, de reprise, etc., du refroidissement, pour l'analyse desquelles il y aurait à tenir compte non-seulement des rapports des masses mais aussi de l'excès δ, et du rapport de ces deux valeurs.

Le pouvoir émissif d'un corps est donc une valeur très variable.

Elle est aussi toute relative, puisque dans mes formules je tiens compte du milieu ambiant.

Enfin il est tellement impossible de la fixer que même en mettant tous les corps dans les mêmes conditions, on ne pourrait pas établir des chiffres indiquant les pouvoirs émissifs relatifs de ces corps, car si l'on recommençait l'expérience, dans des conditions identiques encore pour tous, mais différentes des premières, les relations pour beaucoup de corps pourraient ne pas être conservées.

Passons aux exemples :

Tout à l'heure, j'ai démontré par mon expérience de la masse d'argent rayonnant dans le vide, que pour tous les corps réflecteurs, pour tous les métaux, le pouvoir émissif devait augmenter avec la température, c'est ce qui a été constaté par l'observation. (*Voir Daguin, Cours de physique, tome II, page 126.*)

Mais le verre au contraire a un pouvoir émissif qui diminue avec la température. (*Voir Daguin, tome II, page 8.*)

C'est là un fameux exemple de désaccord entre la loi de Newton et les résultats de l'expérience. Voyons si ma théorie en aura l'explication.

La parcelle vibrante du verre est d'après ma théorie moins lourde que celle d'un métal, puisque par rapport à une même onde calorique, l'une est transparente, l'autre réflecteur. Elle peut donc être regardée comme *relativement* voisine de celle de l'air.

Si elle vient encore à être diminuée par l'échauffement (voir note page 58), il pourra se trouver que malgré un excès δ relativement élevé, il y ait un choc à la suite duquel on ait $x_n < v$, en appelant x_n la proportion de δ conservée par M après n chocs, de telle façon que la différence $x_n - v$, représente une valeur assez grande pour donner lieu à la vitesse rétrograde, décrite chapitre VI, page 66, qui croissant pour chaque diminution de M, puisque la diminution de M en avançant le moment du n^e choc, en question, augmente la valeur x_n, diminuera la vitesse transmise, plus que l'excès de vitesse δ n'augmentera le nombre des parcelles M' atteintes.

De sorte que la diminution de M diminuera le refroidissement, ou le pouvoir émissif.

Je n'ai pas besoin de dire que par des raisonnements analogues, on arriverait à la fixité du *pouvoir émissif* du noir de fumée, pour tout excès de température, quoique en deçà de certaines limites.

Il me reste encore à parler du pouvoir conducteur calorique, je serai bref.

J'ai dit dans un chapitre précédent que ce que l'on appelait la conductibilité calorique était le degré de rapidité avec lequel l'état vibratoire calorique en excès pouvait s'établir dans toute l'étendue d'un corps. C'est donc un phénomène d'absorption que nous allons avoir à étudier, de tranches en tranches, dans le corps plus chaud d'un bout que de l'autre.

Il n'y a évidemment aucune raison de modifier ici les lois que j'ai données pour la transparence, l'absorption, la réflexion et le pouvoir émissif, et ces lois seront applicables dans le cas de deux parties contiguës, l'une chaude, l'autre froide d'un même corps, comme dans le cas de deux corps hétérogènes juxtaposés.

D'ailleurs il ne faudrait pas prendre pour des parties de constitution identique, des parties inégalement chaudes d'un même corps.

Déjà, à plusieurs endroits dans le cours de cette étude, j'ai été obligé d'admettre que les parcelles vibrant en excès d'un corps chaud sont plus ténues que celles du même corps à la température ordinaire, et comme j'ai eu de cette façon l'explication de plusieurs phénomènes il me faut maintenant suivre mon hypothèse jusqu'au bout.

Il n'est pas absolument impossible d'ailleurs d'apporter à son appui quelques raisons mathématiques de probabilité.

Dans la note de la page 58. j'ai à peu près prouvé que l'absorption devait fractionner la parcelle vibrante.

A l'article où j'ai traité de la réflexion, j'ai posé ce principe indiscutable, il me semble, que si les atômes d'un corps solide n'étaient séparés que par un écart vibratoire infiniment petit, ce serait *la masse entière* du corps qui serait en jeu quand l'un des atômes serait atteint. Or, l'écart vibratoire réglé par la vitesse vibratoire atomique augmente évidemment avec la température.

On admet généralement que les parcelles vibrantes d'un gaz sont plus ténues que celles du même corps à l'état solide. Moi du moins je suis obligé de l'admettre, et c'est comme cela que j'explique, par exemple, que le mercure est opaque et réflecteur et que sa vapeur est transparente.

Si les parcelles vibrantes de la partie chaude d'un corps n'étaient pas plus ténues que celles de la partie froide, celles-ci formeraient par rapport aux autres la substance la plus transparente de toutes, puisque ce serait par excellence le cas de $M = M'$.

Mais au contraire les parties froides d'un corps chaud dans certaines parties, se comportent toujours vis-à-vis des parties chaudes comme un corps opaque, même réflecteur et plus ou moins absorbant.

Là est en effet toute la théorie de la conductibilité calorique. Il faut pour qu'un corps soit très conducteur, que les parties froides de ce corps soient vis-à-vis des parties chaudes dans des conditions d'absorption maximum. J'ajouterai encore une condition c'est que le corps soit aussi peu rayonnant que possible vis-à-vis du milieu ambiant.

Cette dernière condition se comprend aisément. Si l'on a un bassin d'une grande étendue et que l'on veuille remplir rapidement d'un même liquide toutes les parties de ce bassin, il faudra d'abord que le bassin ne laisse pas échapper le liquide.

Comme je n'étudie pas en ce moment la question d'augmentation d'écart vibratoire, ni de diminution de masse des parcelles vibrant en excès d'un corps chaud, sous l'influence même de cet échauffement, je ne pourrai pas donner aujourd'hui les formules de la conductibilité. Je réserve ce travail pour le moment où je serai arrivé à la conductibilité électrique ou mieux à la transparence pour l'onde électrique.

Mais comme cette étude des conductibilités passablement avancée déjà, m'a servi à établir une relation de la plus haute importance entre les forces thermo-électromotrices et les variations de conductibilité des corps, relation qui a été l'objet d'un travail présenté à l'Académie, le 27 décembre 1880; je reproduis ce travail dans ma note D. (*Voir à la fin du volume.*)

Pour aujourd'hui, je me contenterai de faire remarquer ceci :

Que l'échauffement, au moins en dedans de certaines limites, modifie probablement la masse des parcelles vibrantes, en suivant une marche régulière ; ce qui, si ma théorie est vraie, devra donner lieu non à des variations de conductibilité régulières, mais à des séries d'accroissement, de décroissement, d'arrêt brusque, de reprise, etc., de pouvoir conducteur, en rapport, comme je l'ai exposé dans toutes les pages qui précèdent, non-seulement avec les rapports des masses, mais aussi avec les rapports des excès de masses aux excès de vitesses. Et j'ajouterai que ceci me paraît d'accord avec l'observation.

Voici comment j'arrive à cette opinion :

Je n'ai pas, il est vrai, pour me guider dans l'étude de la conductibilité, une magnifique série d'expériences comme celles dont les résultats numériques sont consignés au commencement du chapitre V. Mais je peux me servir d'expériences faites sur une valeur liée par des rapports étroits à la conductibilité calorique; je veux parler de la conductibilité électrique.

Si l'on se rend bien compte des natures spéciales de l'onde électrique et de l'onde calorique, telles que je les ai décrites chapitre Ier, pages 10 et 12, on doit à mon avis se faire cette idée ; que la transparence à l'onde électrique, improprement appelée conductibilité électrique, doit être, pour un même corps, en raison inverse de sa transparence à l'onde calorique.

En effet, pour l'onde calorique, il s'agit, pour ainsi dire, d'enfoncer des masses en marchant en avant, et pour l'onde électrique il s'agirait plutôt de marcher en arrière en cédant sous la pression de ces masses (1).

______

(1) Qu'il me soit permis ici d'exprimer, sous toutes réserves, une idée un peu hardie peut-être, mais raisonnée pourtant jusqu'à un certain point, sur le mouvement ondulatoire n° 4 décrit chapitre Ier, page 11. C'est que ce mouvement qui, d'après moi, tirerait son origine de la décomposition des corps comme le mouvement électrique tire son origine de leur combinaison, qui serait comme la réaction de l'absorption de chaleur, de même que le mouvement électrique est comme la réaction de la production de chaleur, qui devrait avancer le moment du choc, de même que l'onde électrique le retarde, qui serait à l'ammonium amalgamé de l'expérience si connue de la décomposition du chlorydrate d'ammoniaque par la pile, ce que le courant électrique est au chlorydrate d'ammoniaque

Que l'on explique la chose d'une façon ou d'une autre, il est certain, ainsi que je l'ai exposé chapitre V, pages 50, 51 et 52, que la transparence à l'onde électrique dite conductibilité électrique, paraît constamment, dans l'observation, être inverse de la transparence à l'onde calorique (1).

Mais, de cette façon, elle doit suivre, comme valeur, la conductibilité calorique qui, basée sur l'absorption, est certainement le contraire de la transparence. Je pourrai donc me servir pour la conductibilité calorique des résultats numériques trouvés dans les expériences sur la conductibilité électrique.

Or, Matthiessen a établi des tables de variation de conductibilité électrique sous l'influence de l'échauffement qui permettraient évidemment d'établir une courbe des variations de conductibilité calorique ayant un certain rapport avec celle indiquée par ma théorie.

Je donne ces tables note D, à propos de thermo-électricité.

Quant à la condition pour un corps conducteur d'être très peu rayonnant, l'observation l'établit d'une façon évidente, d'accord avec ma théorie.

Il suffit pour s'en rendre compte de jeter les yeux sur la table n° 5 des pouvoirs émissifs, chapitre Ier, page 42.

J'arrête là cette ébauche de théorie cinématique de la chaleur entreprise uniquement dans le but de faciliter l'exposé de ma théorie mécanique de l'électricité.

---

lui-même, qui serait comme la base de la chimie organique, puisqu'il serait lié à la formation des radicaux ; enfin ce mouvement correspondant à un fluide inconnu, devrait se transmettre en ligne droite et sous forme de rayons, comme la lumière, et être arrêté par les métaux, contrairement à ce qui a lieu pour le courant électrique.

(1) On pourra encore trouver dans une étude sur les Comètes que j'ai reproduite note C, quelques détails sur le mode de prorogation du rayon lumineux.

Un mot seulement avant de quitter la chaleur rayonnante.

Dans toute cette étude j'ai constamment assimilé la lumière au calorique rayonnant ; pourtant certains physiciens parlent de rayons lumineux exempts de rayons caloriques, c'est-à-dire incapables de produire l'échauffement des corps.

Je crois qu'ils ont mal observé.

Il me serait facile de démontrer (et j'amasse en ce moment des expériences pour cela), que ces rayons lumineux dits exempts de rayons caloriques échaufferaient mieux certains corps dans certaines conditions que des rayons dits proprement caloriques. Car la propriété d'échauffer ne dépend pas seulement du rayon, mais aussi du corps à échauffer.

Ne voit-on pas l'argent s'échauffer d'avantage dans la partie violette du spectre que dans la partie obscure qui suit le rouge, tandis que c'est le contraire pour la céruse, la craie, les étoffes, les résines, etc.

Bien entendu cependant, je ne veux pas dire que des faisceaux composés de rayons caloriques obscurs et de rayons lumineux n'auraient pas plus de pouvoir échauffant que des faisceaux auxquels manqueraient les rayons obscurs.

Il y a un sujet important dont je n'ai pas parlé, c'est la couleur du rayon.

On a du voir que je l'évitais avec intention. C'est qu'il me semblait convenable de donner des bornes à mon œuvre.

D'ailleurs pour l'étude des phénomènes que j'ai abordés, il ne m'était pas indispensable d'en traiter, puisque la fréquence vibratoire plus ou moins grande qui donne naissance aux couleurs pouvait être confondue dans mes formules avec les variations de vitesses.

CHAPITRE VII

ÉTABLISSEMENT DES FORMULES DES CONSTANTES VOLTAÏQUES DANS LA THÉORIE MÉCANIQUE DE L'ÉLECTRICITÉ

Je me suis étendu un peu longuement peut-être sur le calorique rayonnant, dans les chapitres qui précèdent, mais j'ai dû le faire à cause de la connexion constante qu'il y a entre les phénomènes caloriques et les phénomènes électriques.

Je vais maintenant reprendre l'analyse du courant électrique au point où je l'ai laissée, c'est-à-dire, au moment de montrer qu'il est possible d'en donner toutes les lois, d'établir les formules de toutes ses valeurs en le considérant comme un mouvement ondulatoire.

C'est ce que j'appelle établir les formules des constantes voltaïques selon la théorie mécanique de l'électricité.

Je dis donc que la première valeur que l'on trouve dans l'analyse d'un mouvement ondulatoire, c'est la vitesse de ce mouvement :

Ce sera la force électro-motrice.

Puis, nous aurons évidemment aussi à tenir compte de la quantité de matière animée par ce mouvement.

Ce sera la conductibilité du conducteur et de la pile elle-même.

Enfin nous aurons la quantité de mouvement, soit le produit de la masse par la vitesse.

Ce sera en électricité le produit de la force électro-motrice par la conductibilité ou, ce qui revient au même, le quotient de la force électro-motrice par la résistance.

Pour mieux nous entendre, essayons une description graphique du courant électrique considéré comme un phénomène de passage d'une série d'ondes du système décrit au n° 5, en un mot comme phénomène de mouvement ondulatoire.

Soit B C *(fig. 6)* un cylindre en cuivre rouge traversé dans le sens de sa longueur par un courant électrique allant de B à C.

B   C

Fig. 6

```
0.0.0.0.0.0.0.0.0.0.0.0.0.0.0.0
0.0.0.0.0.0.0.0.0.0.0.0.0.0.0.0
0.0.0.0.0.0.0.0.0.0.0.0.0.0.0.0
```

Si l'on avait une loupe assez puissante pour bien examiner ce cylindre, voilà, d'après ma théorie, ce que l'on y verrait.

Les atômes que l'on peut supposer rangés en ligne de B en C comme le représente la figure n° 6, au lieu de venir se heurter tous au même moment et en des points situés à moitié chemin de la position moyenne occupée par chaque atôme, paraîtraient se heurter *successivement* à chaque passage d'ondes de B en C et le point de chaque choc paraîtrait déplacé d'un certain intervalle constant vers la droite.

En un mot, on aurait sous les yeux l'onde décrite n° 5, qui passerait, et serait suivie d'une autre, puis d'une autre, etc.

Or, comment évaluerons-nous la vitesse de cette onde ? Évidemment ce sera par l'écart du point du choc à droite de la place ordinaire où ce choc a lieu dans l'état de repos.

Cet écart, qui constitue la vitesse du mouvement ondulatoire, peut être appelé l'amplitude de l'onde, ce sera A dans nos formules.

D'autre part, les atômes sont plus ou moins pesants ; or, d'après la définition que j'ai donnée de la relation entre la vitesse et le poids des atômes dans l'état vibratoire du repos des corps, il est évident que un même écart de mouvement ondulatoire aura plus ou moins de valeur, suivant que l'onde traversera un corps formé d'atômes plus ou moins pesants, donc, pour avoir la valeur réelle de l'écart il faudra tenir compte de l'atôme engagé, et, par conséquent, si nous prenons pour unité un poids atomique M, la valeur de l'amplitude ondulatoire sera $\frac{A\ M'}{M}$;

M' exprimant la masse de l'atôme engagé.

Cette valeur $\frac{A\ M'}{M}$ est la force électro-motrice des piles.

D'après la définition du cinquième système ondulatoire dont je cherche à déceler la présence dans le courant électrique, un seul atôme est heurté simultanément à l'origine du courant, par conséquent, nous n'aurons pas à rechercher le nombre des atômes *dans le sens de la longueur* du conducteur.

Mais dans une *tranche perpendiculaire à cette longueur c'est différent,* tous les atômes occupant cette tranche ondulent simultanément, il me faut donc faire entrer la surface de la tranche ou la section du conducteur dans la formule exprimant l'importance de mon mouvement ondulatoire, si je veux non seulement tenir compte de la vitesse de ce mouvement, mais aussi de sa valeur comme mouvement M V, c'est-à-dire, tenir compte des masses engagées. En appelant S cette surface de la tranche ou cette section du conducteur, la formule devient $\frac{A\ M'}{M}$ S.

Cette valeur $\frac{A\ M'}{M}$ S est l'intensité du couple voltaïque. Elle représente la masse d'ondes qui se forme à l'origine du conducteur sur le théâtre de la réaction chimique.

S représente la surface moyenne du zinc et du liquide. Mais comme les métaux et les liquides sont plus ou moins conducteurs, tel avec une surface très grande en apparence, ne livrera que peu de passage au courant d'ondes, et tel autre avec une surface en apparence plus petite en livrera plus, comme une grande passoire avec de petits trous très rares peut livrer moins de passage à un fluide qu'une petite passoire avec de grands trous très nombreux. Aussi en appliquant la formule $\frac{A}{M} M' S$ à une pile, il faudra évaluer S en tenant compte de ce que l'on pourrait appeler la surface utile et qui est représenté par la conductibilité : C. La formule deviendra $\frac{A}{M} M' S C$, ou si l'on veut employer la résistance : R, ce sera $\frac{A}{M} M' \frac{S}{R}$.

D'autre part, le conducteur représenté *fig. 6*, est variable, dans le cas spécial du courant électrique. Le fil de cuivre peut diminuer de section ou être remplacé par un métal moins conducteur, ce qui, diminuant la surface utile, revient au même, d'après l'explication donnée ci-dessus.

Représentons cette condition *fig. 7* :

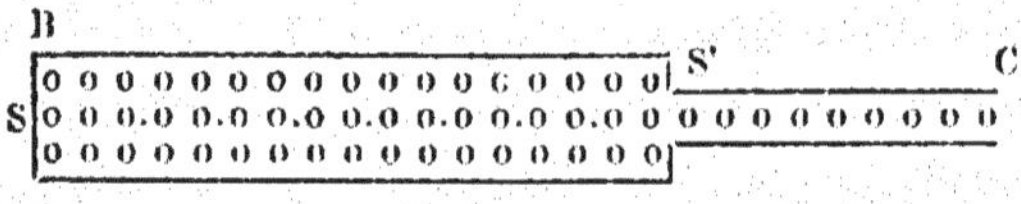

Les ondes formées en B sur une surface S s'avancent vers C mais en S' la section du conducteur diminue.

La figure indique clairement ce qui va en résulter. Les files d'atômes qui sont coupées en S', qui n'existent plus au-delà de S' ne peuvent évidemment pas conduire le courant au-delà de S'. Cependant elles ont reçu ce courant d'ondes à l'origine B, ce n'est donc pas tout-à-fait comme si elles n'existaient pas. Elles contiennent, comme je le montrerai plus tard, des ondes emmagasinées allant de B en S', puis revenant de S' en B, puis retournant vers S', etc.

Momentanément ces ondes sont sans emploi mais il suffirait de ragrandir S' pour les trouver toutes prêtes à servir.

C'est l'origine de l'électricité emmagasinée, de l'électricité de tension.

Je représenterai cette valeur par $\dfrac{A\,M'}{M}\left(\dfrac{S-S'}{R}\right)$. Ce n'est pas l'électricité de tension ou électricité libre qui a été observée par différents électriciens sur la surface du conducteur, parce que je ne tiens pas compte de l'élément temps. En supposant le temps infini, on pourrait négliger la valeur R, on verra plus loin pourquoi, et la quantité d'électricité de tension produite par cette valeur $\dfrac{A\,M'}{M}\left(\dfrac{S-S'}{R}\right)$, serait exprimé par $\dfrac{A\,M'}{M}\sqrt{S}\,L$. L indique la longueur du conducteur supposé cylindrique. Je montrerai plus tard comment on arrive à cette formule de l'électricité de tension.

Quant au courant d'ondes qui constitue le courant électrique, la figure indique clairement ce qu'il est, c'est $\dfrac{A\,M'}{M}\dfrac{S'}{R}$ ou bien $\dfrac{A\,M'}{M}\dfrac{(S-(S-S'))}{R}$, formule que je préfère à la précédente, on verra plus loin pourquoi.

Ainsi nous avons :

1° $A\dfrac{M'}{M}$ indiquant l'amplitude de l'onde ou la vitesse du mouvement ondulatoire et, en électricité, la force électromotrice ;

2° $A\dfrac{M'}{M}\dfrac{S}{R}$ indiquant le nombre de files d'atômes engagées dans le mouvement ondulatoire, ou la valeur maximum de ce mouvement, soit en électricité l'énergie de l'appareil, ou si l'on veut, la quantité de courant qui pourrait passer si on offrait à ce courant un conducteur suffisant ;

3° $\dfrac{A\,M'}{M}\dfrac{(S-S')}{R}$ indiquant le nombre de files d'atômes qui pourraient prendre part à l'action, puisque par leur extrémité B, elles arrivent sur le théâtre de la réaction chimique, mais qui sont momentanément presque sans emploi étant coupées en S', et qui, si elles peuvent encore *vibrer* électriquement, du moins ne peuvent plus *onduler* électriquement ;

4° $\dfrac{A\,M'}{M}\dfrac{(S-(S-S'))}{R}$ indiquant la quantité de files d'atômes animées simultanément du mouvement ondulatoire à partir du point où le conducteur a été rétréci. Soit la quantité d'ondes passant dans l'unité de temps dans une tranche donnée du conducteur, soit la valeur actuelle du phénomène; soit, en électricité, l'énergie du courant qui passe, comme $\frac{A\,M'}{M}\,\frac{S}{R}$ indiquait ci-dessus l'énergie de l'appareil ou l'énergie du courant qui pourrait passer.

C'est ainsi qu'en optique nous aurions :

1° La vivacité de la flamme éclairante, c'est-à-dire l'éclat du gaz, par exemple, ou celui plus grand de la lumière électrique;

2° L'importance de la flamme, c'est-à-dire sa surface éclairante ;

3° La proportion du rayonnement utilisé, c'est-à-dire en supposant la flamme enfermée dans une lanterne, la proportion des parois en verre ;

4° La proportion du rayonnement non utilisé, c'est-à-dire la proportion de la charpente en métal, ou en autre matière opaque, de la lanterne ;

5° Enfin, si l'on veut, la translucidité du verre, c'est-à-dire si l'on emploie pour cette lanterne, du verre opale, le plus ou moins de matière blanche répandue dans ce verre, et correspondant à la plus ou moins grande résistance du conducteur électrique.

Dans un prochain volume, je montrerai d'une façon indiscutable, j'ose l'espérer, qu'avec ces formules on peut trouver la valeur vraie des principaux phénomènes électriques.

NOTE A

DÉFINITION DE LA MATIÈRE, DE L'ESPACE ET DU TEMPS D'APRÈS L'ALGÈBRE

Que la matière soit ou ne soit pas, je commence par dire que nous n'avons aucun moyen de le savoir.

Mais les phénomènes existent, car nos sensations existent et les phénomènes ne sont que ce à quoi nos sensations se rapportent.

Or, les découvertes modernes prouvent, à n'en pas douter, que tout phénomène est un mouvement. Et l'algèbre peut donner une formule exacte d'un mouvement, du moins une formule correspondant exactement à la valeur d'un mouvement par rapport à nos sensations. C'est donc à l'algèbre qu'il faut demander la définition des valeurs qui entrent dans la formule des phénomènes, et qui sont la matière, l'espace et le temps.

Je crois si difficile d'avoir aucune notion sur la matière en dehors des phénomènes, que je crois qu'elle n'est même pas mensurable.

Quand vous mesurez une table avec un mètre, vous approchez votre mètre de la table ; or, en cela déjà il y a du mouvement. Mais, ce n'est pas tout, il y a du mouvement jusque dans la table même. Car, c'est par son volume que la table fesant obstacle à votre mètre, vous donne l'idée de ses dimensions, or, ce volume, réglé par l'écart vibratoire atomique, correspond à la vitesse atomique, de sorte que, en définitive, c'est un mouvement que vous mesurez.

Pour ne pas fatiguer le lecteur en le forçant à parcourir avec moi toutes les transformations de formules qui m'ont amené à l'idée que je vais exposer, je commencerai par affirmer ceci.

C'est que la formule M V dans lequel M représente la masse du mobile et V sa vitesse, formule qui est en défi-nitive l'expression de tout mouvement et par conséquent de tout phénomène, cette formule, dis-je, n'exprime rien qu'une modification des dimensions de l'espace.

J'entends ici l'espace avec ses trois dimensions, ou si on veut le volume.

M représente le produit de deux de ces dimensions et la troisième dimension est comprise dans la valeur V puisque cette valeur se décompose en $\frac{E}{T}$, E exprimant l'espace franchi et T le temps pendant lequel cet espace a été franchi.

Supposons un boulet de canon du poids de 40 kilog., tiré à 300 mètres de distance contre une muraille, et franchissant cette distance en une seconde.

Le mouvement de ce boulet dans ma théorie sera une certaine quantité d'espace, un volume, un parallelipipède si l'on veut, d'une base de 40 unités et d'une longueur de 300, et la destruction de ce volume correspondant à l'arrêt du boulet contre un obstacle constituera le phénomène.

Mais il faut bien comprendre ce que veut dire le mot *des' truction* que je viens d'employer.

Continuons l'exemple de tout à l'heure.

Si la muraille eut été en acier d'une masse infinie, et le boulet aussi en acier parfaitement élastique, le boulet fut revenu sur ses pas vers son point de départ, puis fut reparti, en supposant qu'il eût encore rebondi sur un obstacle, et ainsi de suite, et le volume M V n'aurait évidemment subi aucune diminution.

Il n'y aurait eu aucun phénomène, surtout si l'on suppose que l'air *infiniment* dilaté pour ne point arrêter le boulet, n'eût même pu faire entendre un sifflement ou donner passage à une onde lumineuse qui évidemment eût modifié si peu que ce fût la vitesse du boulet ; et le boulet ayant gardé toute sa vitesse, le volume, en un mot, ayant conservé toutes ses dimensions, sa destruction ou l'arrêt du boulet, fut resté tout prêt à donner lieu au phénomène dans toute son intégrité.

En effet, l'art militaire nous offre presque un exemple de ce cas, quand il établit des cibles sur lesquels les projectiles rebondissent, et après avoir *changé de direction* viennent encore causer des désastres dans les rangs ennemis.

Ainsi les signes $+$ et $-$ dont on caractérise les vitesses sont sans indication par rapport à la destruction d'espace constituant un phénomène ; en un mot le *changement de direction* d'une vitesse ne constitue pas un phénomène.

Ceci est de la plus haute importance pour l'établissement des formules du calorique rayonnant, surtout celles de la réflexion.

Mais qu'un projectile rebondisse avec seulement le quart de sa vitesse, alors il y aura phénomène.

Car le corps heurté aura pris une certaine vitesse en avant, le projectile aura rebondi avec une certaine vitesse en arrière, et l'addition de ces deux vitesses qui sont de signe différent *pendant le même moment* constituera par rapport à la vitesse initiale du projectile une destruction d'espace.

C'est alors qu'on voit apparaître ce que l'on appelle *les forces vives* $\frac{M V^2}{2}$, valeurs qui ne font qu'indiquer la proportion de destruction d'espace correspondant à l'arrêt des mouvements en général.

L'univers entier, du moins le monde que nous connaissons et qui obéit à la loi de la gravitation universelle, se contracte. De cette contraction dérivent tous les mouvements dits caloriques, électriques, ou de translation, etc., qui donnent naissance aux phénomènes.

Ainsi, et d'après l'observation même, tout phénomène tire son origine d'une destruction de l'espace. Mes déductions algébriques ne sont donc pas contraires à l'observation.

Mais qu'est ce que le temps qui intervient comme diviseur, dans la formule d'un phénomène, formule qui en définitive ne fait qu'indiquer les dimensions d'un certain *volume, d'une certaine quantité d'espace.*

Le boulet de canon dans mon exemple ci-dessus avait franchi en une seconde une distance de 300 mètres séparant le canon de la muraille. Si la distance n'avait été que que de 150 mètres, cet espace aurait été franchi en une demi-seconde, et les formules auraient été : pour le premier cas $\frac{40 \times 300}{1}$ et pour le deuxième $\frac{40 \times 150}{1/2}$; ce qui est exactement la même chose, et ce qui est d'ailleurs d'accord avec l'observation, puisque (si nous négligeons les frottements de l'air), les deux phénomènes auraient été identiques.

L'algèbre nous dit $T = E$, c'est-à-dire, si l'on se rappelle ma définition de E, le temps équivaut à une distance parcourue.

En effet, notre unité de temps est prise somme toute dans les *mouvements* célestes : c'est l'année , c'est-à-dire le chemin parcouru par la terre dans son mouvement de translation autour du soleil, ou une fraction de ce chemin, ou bien c'est le mouvement de rotation diurne, ou des fractions de ce mouvement.

La ligne E qui est une des trois dimensions du volume dont la destruction constitue le phénomène est aussi celle selon laquelle s'opère la destruction. Aussi le rapport de cette ligne dans un certain phénomène à la même ligne d'un autre phénomène pris pour unité, introduit dans la formule des phénomènes, la valeur *temps*.

Comme la quantité d'espace qui peut se détruire est forcément limitée, comme tout ce qui existe, un parallélipipède détruit diminue la quantité qui peut en être détruite par un autre. C'est alors qu'on voit naître l'obstacle correspondant à ce que l'on appelle l'inpénétrabilité de la matière, et donnant lieu à l'arrêt des mouvements. Un gaz occupait un certain espace il s'est contracté, il est devenu un corps solide, un métal au besoin, il arrêtera le rayon lumineux, tandis qu'autrefois il l'aurait laissé passer.

Les relations des phénomènes entre eux se comprennent facilement, quand nous étudions un phénomène par rapport à nous-mêmes.

Notre existence n'est qu'une suite de phénomènes d'une durée limitée; or, supposons que la destruction d'espace constituant un autre phénomène se fasse de telle façon que cet espace ne soit qu'au millième de sa destruction quand notre existence sera terminée ; évidemment nous n'aurons été influencés que de la millième partie de ce que l'aurions pu être si la destruction se fût achevée.

Aussi le temps est-il diviseur de tout phénomène, ce qui fait que la formule d'un mouvement s'écrit $\frac{M\,E}{T}$.

NOTE B

La gravitation universelle est-elle due à une attraction partant du centre des corps très denses, ou à une répulsion des espaces très dilatés vers les corps très denses?

L'expérience suivante pourrait trancher la question :

Que l'on construise un immense ballon de verre aussi mince que possible et de la forme exacte des matras employés en chimie, c'est-à-dire muni d'un col gros et long.

Que ce ballon soit fixé debout, reposant sur son orifice, la partie sphérique en haut.

Qu'une mince tige, parfaitement flexible soit fixée par un bout au même point d'appui que l'orifice, et que traversant dans sa longueur le col du ballon à l'intérieur de ce col, elle vienne soutenir une masse de platine vers le centre du ballon, de façon à ce que cette masse de platine soit dans une situation d'équilibre aussi délicate que possible.

Enfin que l'on fasse le vide à l'intérieur du ballon.

Alors, si l'on dévie latéralement la masse de platine, on la verra dans la première hypothèse (celle de l'attraction), tendre à venir se coller contre les parois du ballon, et dans la deuxième tendre à se rapprocher du centre.

Pour augmenter l'effet, il serait bon dans ma théorie de chauffer un peu les parois du ballon, afin de se rapprocher des conditions cosmiques.

En effet, la matière extrêmement dilatée qui constitue l'éther est relativement chaude puisque elle est, d'après certains observateurs à environ 100 degrés au-dessous de zéro, tandis que par suite de l'énorme détente qu'elle a subie elle devrait être au froid absolu c'est-à-dire à 300 ou 400 degrés au-dessous de zéro.

Malheureusement je crois que les dimensions nécessaires pour le globe de verre rendent cette expérience presque impossible. Mais peut-être est-ce une expérience analogue à celle que je propose, qui se passe dans l'univers, quand on voit tous les astres tendre vers la constellation d'Hercule sans qu'il semble cependant qu'il y ait d'astre central.

NOTE C

SUR LES COMÈTES

Je pense que la queue des comètes est un phénomène d'optique dû à des alternatives de condensation et de dilatation de la matière intersidérale, parcourue par un rayon ondulatoire ayant quelque rapport avec l'onde acoustique.

Ce rayon formant la prolongation d'un cône qui aurait pour sommet le soleil et pour base la section de la comète serait la résultante du mouvement ondulatoire calorique et lumineux du soleil, et du mouvement de translation de la comète, dans certaines conditions de vitesse et de masses en jeu ; et il serait illuminé par la lumière solaire.

Je vais essayer une démonstration mécanique du phénomène.

Mais d'abord il me faudra faire sur le mode de propagation du rayon lumineux des observations importantes qui n'avaient pas eu leur place dans le corps de mon ouvrage.

Il semble que les parcelles vibrantes qui se transmettent par chocs les excès de vitesse, constituant la lumière, ne viennent jamais heurter les parcelles suivantes sous un angle qui les ferait dévier latéralement.

Je vais me faire comprendre :

Quand les parcelles constituant l'onde *acoustique* rencontrent d'autres parcelles, elles prennent une direction variable avec l'angle sous lequel elles rencontrent ces parcelles, et suivent, alors, une direction divergente. Puis de nouveaux chocs encore sous toutes sortes d'angles augmentent l'effet, et, très peu de temps après son point de départ, l'onde acoustique ou du moins des parties de cette onde reviennent même vers leur origine. C'est ce qui fait qu'en se plaçant près d'une personne parlant avec un porte-voix, on entend encore passablement les sons produits.

Mais il en est tout autrement pour l'onde optique.

C'est facile à observer : mettez-vous derrière un arc voltaïque muni de son miroir parabolique, comme dans les appareils du colonel Mangin, et vous serez plongés dans une obscurité absolue.

Quelle est la cause de cette différence ?

Je crois qu'elle réside dans ce caractère du rayon lumineux décrit au chapitre 1er, pages 10 et 11 : que dans le rayon calorique ou lumineux le lieu et le moment du choc se déplacent à chaque fois d'une valeur proportionnelle à la moitié du produit des chocs par l'excès de vitesse.

Pour les phénomènes de l'absorption calorique, l'observation que je viens de faire est de la plus grande importance.

En effet, si l'onde calorique *se diffusait latéralement*, le nombre des atômes qui constitue la masse de cette onde (la valeur M de toutes nos formules), d'avant en arrière *dans le sens du rayonnement*, diminuerait proportionnellement au carré de la distance au foyer calorique.

Je n'ai pas besoin, je crois, d'insister sur ce fait qui découle d'un théorème de géométrie des plus connus relatif à la sphère.

Mais alors toutes les propriétés transparentes absorbantes, réfléchissantes des corps pour un même rayon varieraient avec la distance de ce rayon au foyer; et c'est ce qui n'est pas.

La masse de l'onde calorique, le nombre d'atômes qui compose cette onde d'avant en arrière, ne varie donc pas, et ce qui le prouve c'est sans parler de mes théories sur la transparence et l'absorption, c'est, dis-je, que l'onde calorique *ne se diffuse pas*.

Je viens de montrer quelle est l'importance de ce caractère de l'onde calorique dans les phénomènes d'absorption, de transparence, etc., nous allons voir comment je suis obligé d'en tenir compte dans mon explication de la queue des comètes.

J'ai dit que le phénomène de la queue des comètes était dû à une sorte d'onde acoustique traversant la matière intersidérale. Pour bien nous entendre, je vais reproduire la définition de l'onde acoustique que j'ai déjà donnée chapitre Ier, pages 9 et 10.

Si un ensemble d'atômes vibrants reçoit une vitesse affectant simultanément une partie de ces atômes, on a un mouvement ondulatoire que je propose d'appeler acoustique parce qu'à un certain degré il constitue l'onde sonore.

Ainsi, voilà bien la question posée.

Si les atômes d'un astre se transmettent de l'un à l'autre *successivement* (voir pages 10 et 11), l'excès de vitesse constituant la lumière solaire, l'astre sera transparent.

Mais si plusieurs atômes de cet astre (dans le sens du rayonnement, bien entendu, je ne veux pas dire sur une surface ou un plan perpendiculaire à ce rayonnement, ce qui serait trop simple), si plusieurs atômes, dis-je, reçoivent *simultanément* l'excès de vitesse, on aura le système ondulatoire que j'ai décrit au n° 2 et que j'ai appelé acoustique.

Voyons donc comment plusieurs atômes peuvent être atteints simultanément dans le sens du rayonnement.

```
A' B' C' D' E'
0  0  0  0  0
A  B  C  D  E
0  0  0  0  0
```

Fig. 8

```
a  o  o
b  o  o
c  o  o
d  o  o
e  o  o
```

Soient *(fig. 8)* A, B, C, D, E, les petits systèmes (page 57) de matière intersidérale qui constituent l'onde solaire et qui se transmettent successivement l'excès de vitesse de A' vers A, de B' vers B, etc., et soient *a, b, c, d, e,* les atômes de la comète qui marchent tous ensemble de gauche à droite.

Si pendant le moment que A met a franchir l'espace qui le sépare de *a* pour venir le heurter, tous les atômes cométaires *a, b, c, d, e,* se sont avancés rapidement vers le *prolongement* des files d'ondes A' A, B' B, C' C, D' D, etc., tout le front *a, b, c, d, e,* sera heurté par A, B, C, D, E, bien que d'ordinaire *b* ne reçoive que la vitesse qui lui est repassée par *a, c* celle qui lui est repassée par *b,* etc.

Mais il faut, pour que le phénomène ait lieu comme je viens de le décrire, que l'intervalle qui sépare les files d'ondes solaires dans un sens perpendiculaire au rayonnement, c'est-à-dire de A à B, de B à C, soit très petit, et la vitesse de la comète très grande. Or, nous avons vu tout-à-l'heure que, par ce fait que le nombre des atômes constituant l'onde solaire ne décroît pas d'avant en arrière avec la distance au soleil, leur écartement doit croître en raison directe de cette distance.

Aussi le phénomène de la queue des comètes ne s'observe-t-il que quand la comète a une grande vitesse et qu'elle est près du soleil.

NOTE D.

LOI DES FORCES THERMO-ÉLECTROMOTRICES

La force thermo-électromotrice d'un couple thermo-électrique est proportionnelle à la différence des coefficients de variation de conductibilité, sous l'influence de l'échauffement des métaux composant ce couple, multipliée par la différence de température du point de soudure et du point le plus froid du reste du circuit.

Pour vérifier l'exactitude de cette relation, il suffit de jeter un coup d'œil sur les deux tables ci-dessous n° 1 et n° 2, où l'on voit les principaux métaux rangés : 1° selon la place que l'observation leur assigne dans l'échelle thermo-électrique ; 2° d'après la valeur de leurs coefficients de diminution de conductibilité sous l'influence de l'échauffement.

Pour établir ces tables, je me suis servi des observations des expérimentateurs les plus en crédit, tels que : Pouillet, Becquerel, Lentz, Matthiessen, etc., et j'ai refait moi-même, en collaboration avec M. Préaubert, professeur de physique, à Beauvais, de soigneuses expériences pour définir des cas douteux.

Du reste, pour faciliter les vérifications, je donne aux numéros 3, 4, 5, 6, 7, les chiffres mêmes, publiés par les savants ci-dessus désignés.

<table>
<tr><td>1°</td><td>2°</td><td>3°</td><td>4°</td></tr>
<tr>
<td>Ordre thermo-électrique, d'après l'auteur :</td>
<td>Ordre de variation, de conductibilité, d'après l'auteur :</td>
<td>Ordre thermo-électrique, d'après Pouillet :</td>
<td>Ordre thermo-électrique, d'après Becquerel, cité dans Verdet :</td>
</tr>
<tr>
<td>Bismuth.
Mercure.
Platine.
Or.
Cuivre.
Argent.
Plomb.
Fer.
Antimoine.</td>
<td>Bismuth.
Mercure.
Platine.
Or.
Cuivre.
Plomb.
Argent.
Fer.
Antimoine.</td>
<td>Bismuth.
Mercure.
Platine.
Argent.
Plomb.
Cuivre.
Or.
Fer.
Antimoine.</td>
<td>Bismuth.
Mercure.
Platine.
Or.
Cuivre.
Plomb.
Argent.
Fer.
Antimoine.</td>
</tr>
</table>

5°

Coefficients de variation de conductibilité, d'après Lentz :

....
....

Platine................	0.00295
Or....................	0.00224
Cuivre................	0.00369
Plomb.................	0.00521
Argent................	0.00442
Fer...................	0.00632

....

6°

Coefficients de variation de conductibilité, d'après Bécquerel :

....

Mercure...............	0.00101
Platine...............	0.00186
Or....................	0.00339
Cuivre................	0.00409
Plomb.................	0.00431
Argent................	0.00402
Fer...................	0.00472

....

7°

Coefficients de variation de conductibilité, d'après Matthiessen :

....
....
....

Or....................	$0.0036745\ T + 0.00000S443\ T^2$
Cuivre................	$0.0038701\ T + 0.000009000\ T^2$
Plomb.................	$0.0038756\ T + 0.000009146\ T^2$
Argent................	$0.0038278\ T + 0.000009848\ T^2$
Fer...................	
Antimoine.............	$0.0039826\ T + 0.000010364\ T^2$

On voit que le plomb seul fait exception à la règle. Prochainement j'en donnerai la raison, quand, en exposant ma théorie complète de la conductibilité électrique, je montrerai que celle-ci n'est pas absolument inverse de l'écart vibratoire atomique. Or, c'est *la modification de l'écart vibratoire atomique,* décelé par la variation de conductibilité, *qui est, dans les piles thermo-électriques, la cause mécanique du mouvement ondulatoire, système* n° 5, décrit chapitre 1, pages 12 et 13, et dit courant électrique.

En exposant la relation ci-dessus, je ne fais que suivre la méthode employée déjà dans mon étude du calorique rayonnant : faire connaître toutes les relations déduites de l'observation, avant d'établir les théories mathématiques.

Voici divers cas où ma loi se vérifie :

Le cuivre recuit associé au cuivre écroui donne un courant allant du cuivre recuit au cuivre écroui à travers le circuit extérieur, comme ferait l'antimoine associé au bismuth ; or ceci est d'accord avec ma théorie, car le cuivre écroui doit avoir un coefficient de diminution de conductibilité plus faible que le cuivre recuit, puisque pour le fait de l'échauffement il tend au recuit : état dans lequel d'après tous les observateurs il est plus conducteur de l'électricité.

Le zinc écroui du commerce, associé à du zinc recuit presque jusqu'à fusion, a donné dans nos expériences personnelles pour une certaine élévation de température un courant allant du zinc écroui au zinc recuit ; ce qui est le contraire de ce qui a eu lieu pour le cuivre, et est pourtant conforme aussi à ma loi, puisque le zinc du commerce écroui vers 150 degrés, étant plus conducteur que le zinc fondu, doit avoir un coefficient de diminution plus fort que le zinc recuit presque jusqu'à fusion.

Le fer associé au cuivre donne d'abord un courant allant du fer au cuivre, à travers le circuit extérieur comme le veut la loi, puisque le coefficient de diminution de conductibilité du cuivre est plus faible que celui du fer d'après Becquerel et Lentz; mais, d'après Jamin, le courant se renverse au rouge et va alors du cuivre au fer. Là encore il y a une application remarquable de ma loi, car à une température proche du point de fusion du cuivre, le coefficient de ce métal doit augmenter rapidement et dépasser celui du fer, d'après ce que dit Jamin, que le coefficient de diminution de conductibilité peut ordinairement être représenté par les ordonnées d'une ligne d'abord presque droite qui se redresse ensuite par une courbe brusque au moment où le métal approche de son point de fusion, et comme du reste cela a été observé spécialement par M. Muhler qui a trouvé le cuivre 5.8 plus résistant au rouge brillant qu'à 0, et le fer 5.6 seulement.

Le cuivre associé au zinc donne d'abord un courant allant du cuivre au zinc à travers le circuit extérieur comme l'indique la loi, puisque d'après Becquerel le coefficient du cuivre est 0.00412, et celui du zinc 0.00367, puis vers 225°, c'est-à-dire en approchant du point de fusion du zinc, il y a renversement de sens du courant à cause du voisinage du point de fusion du zinc qui augmente le coefficient du zinc. C'est le contraire de l'exemple précédent, mais toujours d'accord avec ma théorie.

En faisant un couple avec une dissolution de sulfate de cuivre et une lame de cuivre, en collaboration avec M. Préaubert, j'ai obtenu un fort courant allant du cuivre à la dissolution à travers le circuit extérieur, comme le veut la loi puisque la dissolution de sulfate de cuivre, d'après tous les observateurs, a un fort coefficient d'augmentation de conductibilité sous l'influence de la chaleur.

Mais un couple platine et dissolution de sel marin fait dans les mêmes conditions n'a presque pas donné de courant parce que la conductibilité d'aucun des deux éléments ne varie pas d'une façon notable sous l'influence de l'échauffement.

Dans les couples fer-pyrolusite, fer-galène, le courant va aussi du fer à la pyrolusite et à la galène à travers le circuit extérieur comme cela doit être, puisque les minéraux ont généralement une plus grande conductibilité à chaud qu'à froid, témoin le kaolin, le plâtre, le verre, etc., d'après Jablochkoff.

TABLE

BEAUVAIS, IMPRIMERIE DE LA SOCIÉTÉ « L'INDÉPENDANT DE L'OISE »

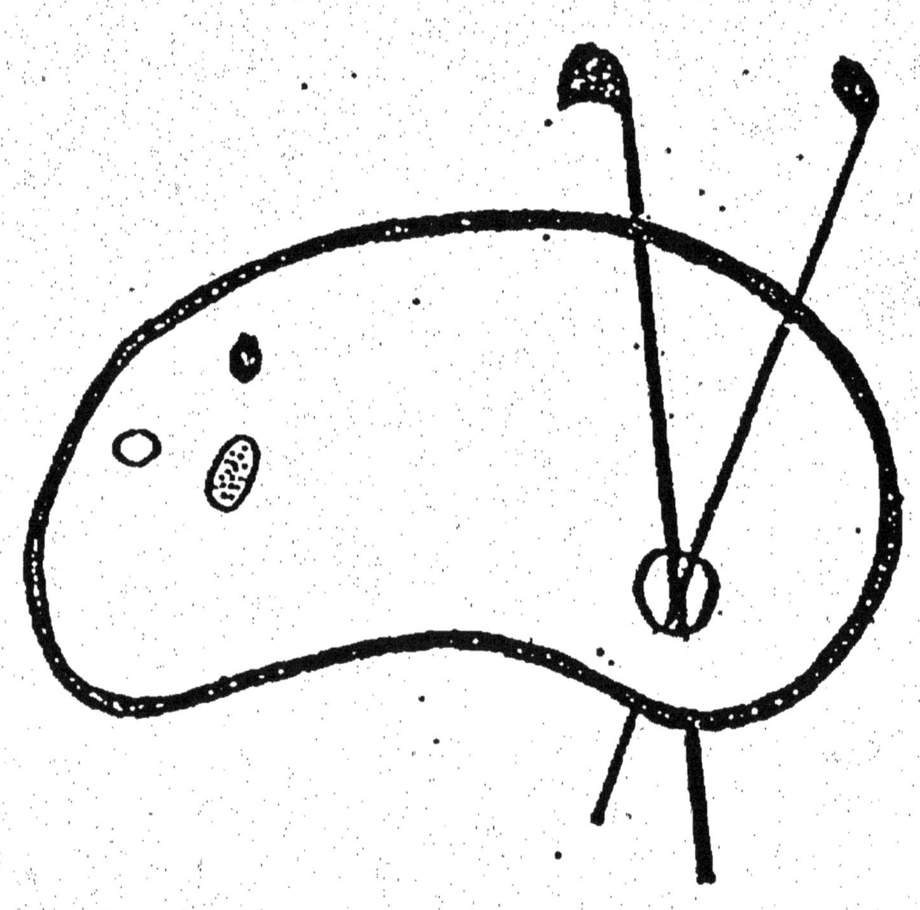

ORIGINAL EN COULEUR
NF Z 43-120-8